SAMMLUNG GÖSCHEN / BAND 1057

# THERMOCHEMIE

Von

**Prof. Dr. W. A. Roth**

Zweite, verbesserte Auflage

Mit 16 Figuren

Neudruck

Walter de Gruyter & Co.

vormals G. J. Göschen'sche Verlagshandlung - J. Guttentag, Verlagsbuchhandlung - Georg Reimer - Karl J. Trübner - Veit & Comp

Berlin 1952

Archiv-Nr. 11 10 57
Druck: Lindemann & Lüdecke, Berlin West
Printed in Germany

# Inhaltsverzeichnis

# Literaturhinweise

Thermochemische Sammelwerke:

F. R. Bichowsky und F. D. Rossini, The Thermochemistry of the chemical Substances, New York 1936.

J. Thomsen, Thermochemische Untersuchungen. Übersetzt von I. Traube, Stuttgart 1906. Ausgabe letzter Hand (Auszug aus den früheren 4 Bänden 1882—1886).

M. Berthelot, Thermochimie, 2 Bände, Paris 1897

Für manche Gebiete, namentlich organische Chemie:

W. Swietoslawski, Leipzig, 1928 Band VII des Handbuches der allgemeinen Chemie.

Ferner sei auf die Lehrbücher der Physik und physikalischen Chemie hingewiesen, namentlich auf die von A. Eucken herausgegebenen Bände des Müller-Pouillet und Wien-Harms.

Zur kalorimetrischen Technik:

W. P. White, The modern Calorimeter, New York 1928.

Für Hochtemperaturkalorimetrie:

Fr. Weibke und O. Kubaschewski, Thermochemie der Legierungen. Berlin, 1943.

Zur Thermodynamik:

O. Sackur, Cl. von Simson, Berlin 1928.

G. N. Lewis und M. Randall, übersetzt von O. Redlich, Wien, 1927, 6. Auflage.

H. Ulich, Kurzes Lehrbuch der physikalischen Chemie, Dresden 1941.

Auf die drei zusammenfassenden Berichte des Verfassers (Querschnitt mit Kritik (Z. f. Elektrochemie **38**, 94; 1932; **41**, 112; 1935; **45**, 335; 1939) sei hingewiesen.

Die wichtigsten Experimentaluntersuchungen sind die von Th. W. Richards und Mitarbeitern (J. Amer. chem. Soc.), F. D. Rossini (J. Res. Bur. of Stand.), H. v. Wartenberg (Z. f. anorg. und f. physikal. Ch.), E. Lange und Mitarb. (Z. f. physikal. Ch., J. Amer. chem. Soc.), R. Fricke (Z. f. anorg. Ch.), Roth und Mitarb. (Z. physikal., Elektroch., anorg. Ch., Berichte, Lieb. Ann., Arch. f. Eisenhüttenkunde).

Die besten Zahlenwerte findet man in dem Buch von Bichowsky und Rossini, in Landolt-Börnstein-Roth-Scheel, 5. Aufl. (Hauptwerk und drei Ergänzungsbände), in d'Ans-Lax Taschenbuch für Chemiker und Physiker, Berlin 1943.

## 1. Einleitung und Einheiten

Die Thermochemie ist ein Teil der physikalischen Chemie, also der Wissenschaft, die in Methodik und Anschauungen die mehr stofflich eingestellte Chemie und die mehr mathematisch und energetisch eingestellte Physik miteinander verknüpft. Der experimentierende Thermochemiker stützt sich auf den ersten Hauptsatz, während der rechnende Thermodynamiker auch die weiteren Hauptsätze heranzieht.

Eine rein chemische Gleichung, z. B. $S + 1^1/_2 O_2 = SO_3$[1], ist unvollständig, denn sie berücksichtigt nur den Stoffumsatz, nicht den (von dem Aggregatzustand und der Kristallart abhängigen) Energieumsatz. Vollständig wird die Gleichung erst, wenn man die Wärmetönung der Reaktion zufügt. Unter „Wärmetönung" versteht man allgemein die Wärmemenge, die von dem durch die Gleichung definierten System bei der Umsetzung entwickelt oder der Umgebung entzogen wird. Dann bedeutet S nicht „Schwefel", sondern ein g-Atom Schwefel, $SO_3$ eine Gramm-Molekel (Mol) Schwefelsäureanhydrid.

Die Einheit der Wärmemenge ist die 15°-Kalorie bzw. der tausendfache Wert, die Kilokalorie ($cal_{15}$ bzw. $kcal_{15}$), 1 $cal_{15}$ ist die Wärmemenge, die erforderlich ist, um 1 g Wasser, auf den luftleeren Raum reduziert, von 14,5 auf 15,5° zu erwärmen. Beim Berechnen eines Versuches wird man meist die cal benutzen, beim Umrechnen auf die g-Atome oder Mole der Bequemlichkeit halber die größere kcal.

Über die Vorzeichen der Wärmetönung herrscht starke Verwirrung. Der stofflich eingestellte Chemiker bezeichnet die von dem System entwickelte, „fühlbare" Wärmemenge

---

1) Man schreibt nicht 3 O, denn das würde 3 Sauerstoffatome bedeuten, während die Reaktion von Sauerstoffmolekeln $O_2$ getätigt wird

als positiv, der energetisch eingestellte Thermodynamiker überlegt: bei einer Wärmeentwicklung verliert das System Energie. Er gibt also der Wärmeentwicklung bei „exothermen" Reaktionen das negative, bei „endothermen" Reaktionen, die mit einer Wärmeaufnahme verbunden sind, das positive Vorzeichen. Die Wärmetönung wird mit Q = quantitas bezeichnet. Nach einer neueren Übereinkunft, die ein Kompromiß zwischen den beiden Anschauungen darstellt, ist die vom System entwickelte Wärmemeng $+\mathcal{Q}$, die vom System aufgenommene, z. B. beim Schmelzen eines festen, beim Verdampfen eines festen oder flüssigen Stoffes, $-\mathcal{Q}$. Dem wird in allen folgenden Formeln Rechnung getragen. Wird nicht $\mathcal{Q}$, sondern Q geschrieben, so ist das thermodynamisch definierte Vorzeichen zu setzen.

Nach dem ersten Hauptsatz (s. S. 35) sind die Bildungswärmen von Eis, flüssigem Wasser und Wasserdampf aus Knallgas in obiger Reihenfolge abnehmend: die von Eis ist um den Betrag der Erstarrungswärme größer, die von Wasserdampf um den Betrag der Verdampfungswärme kleiner als diejenige von flüssigem Wasser. Man muß also in den Formeln, um Klarheit zu haben, die Aggregatzustände unterscheiden.

Im folgenden werden die Formeln von festen, d. h. kristallinen Stoffen in [ ] gesetzt, diejenigen von Gasen und Dämpfen in ( ), die von Flüssigkeiten ohne Klammern geschrieben.

So lautet die vollständige und exakte Gleichung für die auf S. 5 als Beispiel gewählte Reaktion:

$$[S]_{\text{rhomb.}} + 1^1/_2(O_2) = SO_3 + 104{,}6_0 \pm 0{,}08 \text{ kcal.}$$

Wie diese Wärmetönung (auf Umwegen) bestimmt ist, werden wir später sehen (S. 39).

Existiert ein kristalliner Stoff in mehreren Modifikationen und sind die Messungen so genau, daß es lohnt, den energetischen Unterschied, der meistens nicht groß ist, zu berücksichtigen, so charakterisiert man die betreffende Modifikation durch ein Suffix, z. B. $[S]_{\text{rhomb.}}$, $[Fe]_{\alpha}$, $[SiO_2]_{\alpha\text{-Quarz}}$.

Bei Lösungen ist es wichtig, die Konzentration genau zu bezeichnen, da die Verdünnungswärmen oft sehr groß sind, also die Wärmetönung von der Konzentration abhängt; man denke z. B. an Schwefelsäure! Am bequemsten ist es, die Anzahl Mole Wasser anzugeben, in denen ein Formelgewicht gelöst ist (meist mit *N* bezeichnet); dann ist die Konzentration gänzlich unabhängig von der Temperatur, was bei der Volumnormalität streng genommen nicht der Fall ist. So bedeutet $Na_2SO_4$, 400 $H_2O$, eine Lösung, in der auf 400 Mole Wasser ein Mol Natriumsulfat kommt, d. h. eine etwa $^1/_7$ molar-normale Lösung; denn 1 Liter Wasser = 1000 g entspricht etwa 1000/18 = 55,5 Molen Wasser. $[Na_2SO_4 \cdot 10\,H_2O]$ ist selbstverständlich das kristalline Glaubersalz.

Die oft benutzte Bezeichnung $Na_2SO_4$, aq bedeutet eigentlich eine Lösung, die so verdünnt ist, daß eine weitere Zugabe von Wasser keine Wärmetönung (Verdünnungswärme) mehr hervorbringt. Mit wachsender theoretischer Erkenntnis und Verfeinerung der Meßmethoden hat man gesehen, daß die Bezeichnung aq fast immer eine Fiktion ist; denn selbst ein-ein-wertige Elektrolyte besitzen noch in großen Verdünnungen eine meßbare Verdünnungswärme, mehrwertige Elektrolyte erst recht. $H_2SO_4$, 20 000 $H_2O$, d. h. eine rund 1/360 molar-normale Lösung, zeigt beim Zufügen von Wasser noch eine thermometrisch meßbare Wärmeentwicklung. Sind in der Lösung noch andere Stoffe anwesend, namentlich andere Elektrolyte, so ändern die „Lösungsgenossen" die thermischen Verhältnisse oft stark, worauf früher nicht genug Rücksicht genommen worden ist (vgl. S. 96).

Von dem Einfluß der Temperatur auf die Wärmetönung s. S. 39 (Kirchhoffscher Satz).

Wenn nichts Besonderes bemerkt ist, beziehen sich die angegebenen Zahlen auf „Raumtemperatur", d. h. 15 bis 25°. Nur in seltenen Fällen, namentlich wenn Gase an der Umsetzung teilnehmen, machen die 5 bis 10° Unsicherheit etwas aus. Bei genauen Messungen muß die Temperatur angegeben werden. Da sich auch die spezifische Wärme des Wassers in jenem Temperaturgebiet nur wenig ändert (sie sinkt von 15 auf 20° um 1,3 Promille ab), können die älteren Angaben „Kalorien bei Raumtemperatur", wenn sie sonst richtig sind, meist ohne weiteres als $cal_{15}$ bewertet werden, namentlich, da früher nicht auf den luftleeren Raum umgerechnet wurde, was 1,06 Promille nach der anderen Seite ausmacht. Zufällig ist die früher mitunter benutzte „mittlere Kalorie", d. h. 1/100 der Wärmemenge, die 1 g Wasser benötigt, um von dem einen Fixpunkt 0° auf den anderen 100° erwärmt zu werden, von der $cal_{15}$ nur um 0,6 Promille verschieden. Hingegen ist die, glücklicherweise selten benutzte, $cal_0$ außerhalb der Meßfehler um 6,6 Promille größer als die $cal_{15}$.

Der Temperaturgang der spezifischen Wärme des Wassers (s. Tabelle im Anhang) ist infolge der mit steigender Temperatur abnehmenden Assoziation abnorm klein und anomal (ἀνόμαλος) oder abnorm, wie das Wasser ja überhaupt eine abnorme Flüssigkeit ist. Für eine normale Flüssigkeit steigt die spezifische Wärme regelmäßig, meistens schwach mit der Temperatur an. Bei Wasser ist sie bei 0° am größten, geht durch ein Minimum bei etwa 35°, um dann regelmäßig, aber schwach anzusteigen.

In der modernen Thermochemie, wo man fast durchweg elektrisch eicht (s. S. 9: Bestimmung des Wasserwertes), ist das primäre Maß nicht die cal, sondern das joule. Führt man dem Kalorimeter durch elektrische Beheizung Energie zu, so mißt man — bis auf die Zeitmessung fast beliebig genau — die Energie als Volt-Ampere-Sekunden oder Wattsekunden oder joule. 4,184 internationale joule, wo Volt, Ampere und Ohm international festgelegt sind, entsprechen 1 $cal_{15}$. Dieser Umrechnungsfaktor ist bis auf 1/4000 sicher, was für alle Messungen, selbst die präzisesten, genügt; denn selten wird eine einzelne kalorimetrische Messung genauer als auf $^1/_2$ Promille sein.

## 2. Wasserwert und Eichung

Da das Wasser (von 15°) die thermochemische Bezugssubstanz ist, muß man bei jeder kalorimetrischen Messung wissen, wieviel Gramm Wasser von 15° das ganze, an der Temperaturänderung teilnehmende System (Kalorimeterflüssigkeit, Kalorimetergefäß, Thermometer, Rührer, reagierende Substanzen, eventuell mit eintauchenden Behältern, Deckel, Hüllen, Luftmantel u. dgl.) thermisch äquivalent ist. Diese Größe nennt man den „Wasserwert" (künftig als W.-w. abgekürzt). Da die spezifische Wärme eines Materials gleich der Anzahl $cal_{15}$ ist, die 1 g benötigt, um um 1° C aufgeheizt zu werden, ist der W.-w. gleich der Summe der Produkte aus den einzelnen Massen m und ihren spezifischen Wärmen c, bezogen auf das gesamte kalorimetrische System:

1) $$\text{W.-w.} = \Sigma\, m \cdot c.$$

Diese additive Berechnung ist indessen kaum ganz sicher durchzuführen, am sichersten dann, wenn, wie in J. Thomsens Versuchsanordnung, eine große Wassermenge und ein einfaches Metallkalorimeter ohne viel Zubehör benutzt wird. Je mehr Stoffe an der Wärmetönung teilnehmen, je kleiner das Kalorimeter, je komplizierter die Hilfsapparatur ist, desto unsicherer wird die „additive" Berechnung. Glasteile, die herausragen, Luftmäntel, isolierende Deckel u. dgl. nehmen nur zu einem schwer bestimmbaren Maß an der Wärmetönung teil.

Manche Bestimmungen aus der „klassischen" Zeit der Thermochemie (J. Thomsen-Kopenhagen, M. Berthelot-Paris) sind dadurch unsicher geworden. Man kann sein Kalorimeter mit Hilfe von genau bekannten Wärmetönungen eichen: gibt die auf den molaren Umsatz bezogene Eichreaktion mit der Wärmetönung $\Theta$ die Temperaturänderung $\Delta\vartheta_1$, die zu untersuchende Reaktion mit der Wärmetönung X die Temperaturänderung $\Delta\vartheta_2$, so ist $X = \Theta \cdot \Delta\vartheta_2/\Delta\vartheta_1$. Derartige, zur Eichung benutzte Reaktionen sind: Auflösen von reinen, am besten anhydrischen Salzen, wie NaCl oder $KNO_3$ für endotherme Reaktionen, Neutralisationswärmen, Explosionswärmen von Knallgas oder Chlorknallgas, Verbrennungswärmen von Benzoe- und Bernsteinsäure in der kalorimetrischen Bombe. Auf Temperatur und Konzentration ist genau zu achten. Man arbeitet am genauesten, wenn Eichreaktion und zu messende Reaktion möglichst ähnlich verlaufen. Bei dieser Art der Eichung muß man berücksichtigen, daß bei der Eichung und Messung im Kalorimeter verschiedene Substanzmengen vorhanden sind; dafür kann man nach $\Delta\ \Sigma m \cdot c$ meist genügend genau korrigieren.

In der Regel ist eine elektrische Eichung das gegebene, die nach verschiedenen Methoden ausgeführt werden kann.

Man baut am besten ein für allemal einen passend geformten, kompendiösen Widerstand in das Kalorimeter ein, der nicht unter 10 Ohm haben soll. Am einfachsten arbeitet ein auf ein gezahntes Glimmerblatt aufgespulter Widerstand

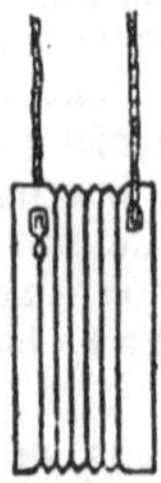

Fig. 1. Heizwiderstand zur Eichung.

aus dünnem Nickelin-, Manganin- oder Chrom-Nickel-Draht, an dessen Enden man zwei dickere Kupferdrähte lötet. Konstantan ist wegen der großen Thermokraft gegen Kupfer nicht anzuraten. Zur Isolation wird das ganze, soweit es in das Kalorimeter eintaucht, mit einer dünnen Schicht Wachs oder besser Paraffin überzogen. Arbeitet man mit starken Säuren oder bei höherer Temperatur, so genügt die Isolation mit Paraffin oder Wachs nicht. Man kann einen auf Glas aufgewundenen Heizwiderstand in eine reagenzglasförmige Hülle aus Platin stecken, mit etwas Paraffinöl umgeben und in einiger Höhe darüber durch Watte oder Korkmehl thermisch isolieren. Die Hauptsache ist neben guter Isolation gute Konstanz des Widerstandes, die man von Zeit zu Zeit mit der Wheatstoneschen Brückenanordnung und Gleichstrom nachprüft. Eine große Oberfläche und dünne Isolation gewährleisten eine schnelle Wärmeabgabe, verhindern Warmwerden und damit Inkonstanz des Widerstandes.

Man mißt nach folgenden Methoden:

1. $e \cdot i \cdot t$, wobei $e$ und $i$ an guten Zeigerinstrumenten regelmäßig abgelesen werden und $t$ mit einer guten Stoppuhr bestimmt wird. Die Stoppuhr kann man mit dem Stromschlüssel koppeln, um den „persönlichen Fehler" beim Ein- und Ausschalten zu eliminieren, muß allerdings dann einen Stromschlüssel mit Sperrvorrichtung benutzen. Aber selbst gute Zeigerinstrumente sind selten auf 1 Promille genau. Meist wird man einen Gehilfen benötigen, da Voltmeter, Amperemeter und Thermometer regelmäßig — am besten jede halbe Minute — abzulesen sind. Nach der Schaltung (Fig. 2) (Ampermeter im Haupt-, Voltmeter im Nebenstromkreis an den aus dem Kalorimeter herausragenden Kupferdrähten des Heizwiderstandes) muß man an den

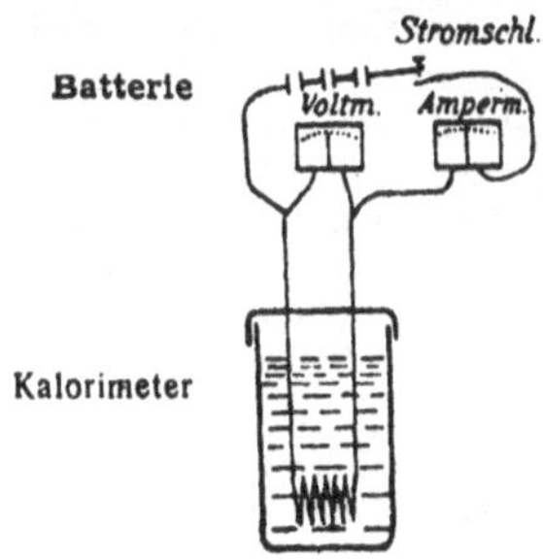


Fig. 2. Einfache Schaltung zur elektrischen Eichung.

Ampermeterablesungen eine Korrektion wegen der Stromverzweigung anbringen. Denn das Ampermeter gibt die Summe der durch den Heizwiderstand und das Voltmeter fließenden Ströme an, während für die Eichung nur ersterer in Frage kommt. Ist $W_V$ der Widerstand des Voltmeters, $w_H$ der des Heizwiderstandes, so ist die wirksame Stromstärke nicht die im Ampermeter abgelesene Größe I, sondern nur $I \cdot W_V \cdot / (W_V + w_H)$. Um den Spannungsabfall in den Zuleitdrähten klein zu machen, nimmt man die Kupferdrähte dick. Für Präzisionsmessungen bestimmt man den Widerstand der aus der Kalorimeterflüssigkeit herausragenden Drähte aus der Länge und dem Widerstand von mehreren Metern und korrigiert $e$ wie folgt: ist der Gesamtwiderstand (Heizdraht + Zuführungsdrähte) $w_H$, der Widerstand der aus der Flüssigkeit herausragenden Drähte $w_Z$, so ist der wirksame Spannungsabfall nur $e \cdot (w_H - w_Z) / (w_H + w_Z)$. Die genaue Formel für die zugeführten $cal_{15}$ ist also:

$$2) \qquad e \cdot i \cdot t \cdot W_V \cdot (w_H - w_Z) / (w_H + w_Z) \cdot (W_V + w_H) \cdot 4{,}184 = cal_{15}.$$

2. $e^2 \cdot t/w$. Da $i = e/w$, ist $e \cdot i \cdot t = e^2 \cdot t/w$. $w$ muß bekannt und konstant sein; e kann man mit einem Zeigerinstrument, besser nach der Kompensationsmethode messen. Letzterer Weg ist mit einem großen Präzisionswiderstand, einem geprüften Normalelement und einem $10^{-6}$ bis $10^{-7}$ Amper anzeigenden Zeigerinstrument bequem und auf 0,01 % genau auszuführen. Diese Methode ist am meisten zu empfehlen ($e = e_m$ W/w vgl. Fig. 2 a). Auch hier kann man in der oben angegebenen Weise für den Spannungsabfall in dem herausragenden Teil der Zuleitung korrigieren, aber darf $(w_H - w_Z) / (w_H + w_Z)$ nur mit der ersten Potenz einsetzen. Zur Sicherheit läßt man (auch bei Methode 1) den Strom der Heizbatterie vor dem Einschalten, während der „Vorperiode“ (s. S. 23) durch einen Widerstand von etwa der gleichen Größe gehen und schaltet mit Hilfe einer Wippe um. Alsdann ist e fast konstant, falls die Akkumulatoren nicht zu frisch aufgeladen oder zu weit ent-

laden sind. Stellt man W und w des Kompensationsapparates vor der Messung ein, so sind während des Versuchs nur so kleine Änderungen erforderlich, daß man bei

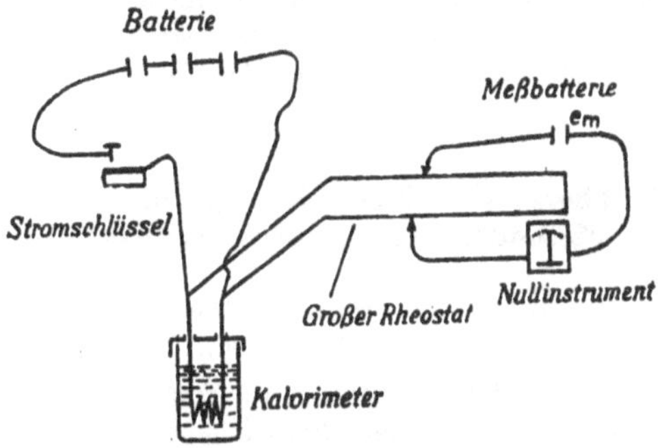


Fig. 2a. Genauere Schaltung zur elektrischen Eichung.

einiger Übung keinen zweiten Beobachter benötigt. *e* muß sehr genau bestimmt werden, da es mit dem Quadrat in die Rechnung eingeht.

3. $Coul^2 \cdot w/t$. Da $i \cdot t$ = Coulomb, wird $e \cdot i \cdot t = Coul^2 \cdot w/t$. Die Methode hat den großen Vorteil, daß man alle elektrischen Messungen (Wägung des abgeschiedenen bzw. Titration des aufgelösten Silbers oder Jods) nach Abschluß der kalorimetrischen Bestimmung durchführen kann. Für genaue Messungen kommt nur ein genaues Silbercoulometer in Frage[1]). Die Größe der Elektroden muß der Stromstärke angepaßt sein; w muß genau bekannt und konstant sein.

4. Präzisionsmethode zur Messung von e · i · t. Man schaltet hinter den Heizwiderstand einen geeichten Normalwiderstand (1 oder 10 Ohm) und mißt mit zwei Kompensationsapparaten die Spannungsabfälle am Heizdraht und

---

1) Sehr bewährt hat sich $AgBF_4$-Lösung als Coulometerflüssigkeit, da man alsdann wie mit einem Kupfercoulometer, aber wesentlich genauer arbeiten kann. (H. v. Wartenberg und H. Schütza, Z. f. Elektroch. **36**, 256; 1930).

am Normalwiderstand. Korrektion für den Spannungsabfall in der Zuleitung wie oben. Ein zweiter Beobachter ist notwendig. Die Genauigkeit der Messung hängt im Grunde nur von der Genauigkeit der Zeitbestimmung ab. Die an sich bequemen Wattmeter selbst der besten Firmen sind kaum so genau, daß sie für Präzisionsmessungen zu empfehlen sind.

## 3. Thermochemische Grundgleichung und Methoden der Temperaturmessung

Ist $\Delta\vartheta$ die beobachtete Temperaturänderung, so ist

3) $$W.\text{-}w. \cdot \Delta\vartheta = cal_{15}.$$

Ein besonderer Fall ist das B u n s e n sche Eiskalorimeter, s. S. 33. Man hat W.-w. als den Kapazitäts-, $\Delta\vartheta$ als den Intensitätsfaktor bezeichnet. Sind m g Substanz von dem Molargewicht M umgesetzt, so ist die molare Wärmetönung:

4) $$\Theta = W.\text{-}w. \cdot \Delta\vartheta \cdot M/m.$$

Alle vier Größen gehen mit gleichen Rechten in die Gleichung ein, müssen also mit der gleichen Genauigkeit bekannt sein. Über die Bestimmung von *W.-w.* ist S. 9 ff. das Nötige gesagt worden, *M* ist stets genau bekannt, *m* muß durch genaue Einwaage, bei Gasen durch genaue Bestimmung von Volumen, Druck und Temperatur gemessen, eventuell hinterher durch genaue Analyse kontrolliert werden; bei Gasen ist unter Umständen für die Abweichung von den idealen Gasgesetzen zu korrigieren, bei leicht absorbierbaren Gasen ($HCl$, $SO_2$, $CO_2$, $NH_3$) am besten durch Bestimmung des Litergewichtes unter den Versuchsbedingungen (Volummessung und Wägung des absorbierten Gases). Vorausgesetzt, daß die Reaktion schnell und eindeutig verläuft und nicht zu geringe Substanzmengen verwendet werden, pflegt die größte Unsicherheit in der Bestimmung von $\Delta\vartheta$ zu liegen.

$\Delta\vartheta$ wird in den meisten Fällen mit einem guten Quecksilberthermometer gemessen, die elektrischen Meßmethoden,

Thermoelemente und Widerstandsthermometer kommen seltener zur Verwendung. Das jetzt gebräuchlichste Instrument ist das Beckmann-Thermometer. Es umfaßt nur etwa 5°, hat eine verhältnismäßig große Quecksilberfüllung, die „Kugel“ eine große Oberfläche, um den Wärmeaustausch zu beschleunigen, und eine enge Kapillare. Die üblichste (und beste!) Teilung der Skala ist in 0,01°, so daß man mit einer guten Lupe sicher 0,001, bei nicht zu enger, aber feiner Teilung und einiger Übung 0,0005° schätzen kann. Um dasselbe Instrument für verschiedene Temperaturen benutzen zu können, ist am oberen Ende der Kapillare eine Vorrichtung angebracht, um die Quecksilberfüllung durch Abschlagen oder Aufnehmen zu verändern.

Zu beachten ist folgendes: Die Kapillare darf nicht zu eng und innen nicht rauh sein, sie muß ferner absolut luftfrei sein, sonst tritt unweigerlich Hängenbleiben des Quecksilbermeniskus auf. Man setze das Thermometer im Laufe der Messungen niemals wesentlich anderen Temperaturen aus, tauche es stets gleich tief in die Kalorimeterflüssigkeit ein (namentlich wenn man Quecksilber als Kalorimeterflüssigkeit verwendet). Man lese erst ab, nachdem man mehrere Sekunden seitlich in der Höhe des Quecksilbermeniskus sanft mit dem Finger oder einem mit Kautschukschlauch überzogenen Stab geklopft hat; man klopfe das Thermometer nie oben auf die Fassung. Beim Ablesen verwende man eine scharfe Lupe, deren Verzerrungen man benutzt, um den parallaktischen Fehler auszuschalten. Die Teilstriche, zwischen denen man abliest, sollen gerade, die oberen und unteren konvex bzw. konkav gekrümmt erscheinen.

Selbstverständlich muß man den Kaliberfehler und, wenn man nicht bei der gleichen Temperatur elektrisch eicht, auch den „Gradwert“ bei der Versuchstemperatur ebenso genau kennen, wie man abliest. Da sich die wirksame Quecksilberfüllung mit dem Abschlagen oder Aufnehmen von Quecksilber (bei Erhöhung bzw. Erniedrigung der Versuchstemperatur) ändert, nimmt mit steigender Temperatur die Anzahl Celsius-Grade, denen 1 Grad der Skala tatsächlich entspricht, um etwa 1/6000 pro Grad zu (ungefähr dem scheinbaren Ausdehnungskoeffizienten des Quecksilbers in Glas und der Korrektion für den herausragenden Faden entsprechend).

Nur bei einem einzigen Temperaturintervall ist der Gradwert genau 1,000. Will man Kaliberfehler und Gradwert nicht selbst bestimmen, was nicht allzu schwer ist, so benutze man nur von der Physikalisch-Technischen Reichsanstalt geeichte Instrumente. Die Kaliberkorrektur zeichnet man auf mm-Papier und interpoliert nach der Kurve. Die Kapillare pflegt an den beiden Enden die größten Fehler zu haben; alsdann ist es praktisch, nicht den Nullpunkt und das Ende als richtig anzunehmen, sondern zwei Punkte mehr der Mitte zu, so daß die Korrekturen in dem am meisten benutzten Intervall am kleinsten werden; Drehung der Kurve und Verlagerung der Abszisse, vgl. Fig. 3 a und 3 b.

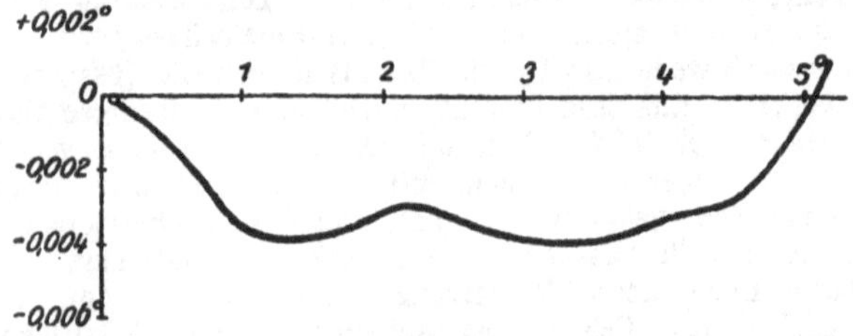


Fig. 3 a. Kaliberkorrektur eines Beckmann-Thermometers.

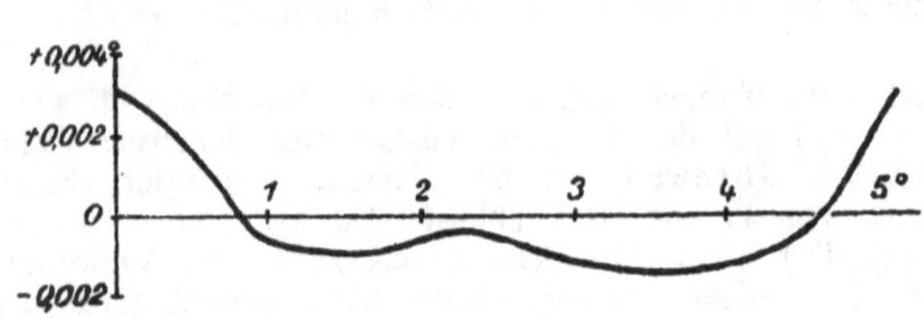


Fig. 3 b. Dasselbe, praktisch verändert.

Es ist sicherer, 1 bis 2° auf 0,0005° genau zu bestimmen, als eine größere Temperaturdifferenz ungenau. Auch aus diesem Grunde sind in 0,02° geteilte Instrumente unbequemer und ungenauer als die gewöhnlichen in 0,01° geteilten.

Über die in 0,001° geteilten „Ultra-Beckmann-Thermometer" sind die Urteile sehr verschieden, weil es bei der großen Quecksilbermasse und der engeren Kapillare sehr auf die individuellen Eigenschaften des betreffenden Instrumentes ankommt. Die größere Trägheit und Unruhe des Meniskus, das Hängenbleiben kann die nominell zehnfache Genauigkeit des Instrumentes illusorisch machen.

Ist man auf elektrische Präzisionsmessungen gut eingerichtet, so können Thermoelemente vorzügliche Dienste leisten, namentlich wenn es sich um kleine Temperaturänderungen oder Temperaturdifferenzen in einem Zwillingskalorimeter handelt. Jede Differenz-Messung ist prinzipiell genauer als die Differenz zwischen zwei unabhängigen Messungen. Thermoelemente nehmen wenig Platz fort, durch Anbringung der einzelnen Lötstellen an verschiedenen Punkten des Kalorimeters integriert man in einfachster Weise, die Genauigkeit der Messung läßt sich durch Häufung von Thermoelementpaaren fast beliebig erhöhen, aber man muß bedenken, daß mit der Zahl der Paare auch der Widerstand und die Gefahr von Inhomogenität in den Drähten wächst. Da die Thermoelemente durch Röhrchen aus Glas oder dgl. zu isolieren sind, hinken die Angaben vielfach stärker nach, als man gemeinhin annimmt. Arbeitet man nicht mit einem Zwillingskalorimeter, sondern will die Temperaturänderung in einem einzelnen Kalorimeter messen, so muß sich die Hälfte der Lötstellen in einem Bad von so konstanter Temperatur befinden, wie die gewünschte Meßgenauigkeit beträgt. Wählt man als konstante Temperatur 0°, so hat man bei Zimmertemperatur eine verhältnismäßig kleine Differenz zwischen zwei großen elektromotorischen Kräften zu messen; daneben muß man dafür sorgen, daß der Luftgehalt des Eiswassers stets der gleiche bleibt, denn die Gefrierpunkterniedrigung durch gelöste Luft beträgt bei Sättigung 0,0024°![1] Neuerdings hat man eine bei richtiger Herstellung und Rührung sehr konstante, bequeme Temperatur benutzt: den bei etwa 18° liegenden Quintupelpunkt des Systems [$Na_2SO_4 \cdot 10\,H_2O$] - [$Na_2SO_4$] - [NaCl] - Lösung. Ist die Versuchstemperatur ebenfalls etwa 18°, so hat man in der Vorperiode fast keinen Ausschlag und kann die Genauigkeit der Ablesungen voll ausnutzen, doch wird das Bad leicht fest. Meist genügt ein großes, gut isoliertes, schwach gerührtes Gefäß mit Wasser von Raumtemperatur, z. B. ein großer Weinhold-Becher. Es empfiehlt sich, den Ausschlag des Galvanometers vor und nach dem Versuch durch elektrische Beheizung direkt in $cal_{15}$ zu eichen.

Ein Thermoelement aus Konstantan und Kupfer (oder Eisen oder Silber) gibt pro Grad Temperaturdifferenz an den Lötstellen rund 42 Mikrovolt. Bei Benutzung von 10 Paaren, einem Spiegelgalvanometer von $10^{-9}$ Amper pro Millimeter Ausschlag und einem Gesamtwiderstand von 200 Ohm entspricht 0,2 mm Ausschlag $1 \cdot 10^{-4}$°, d. h. einer Genauigkeit, die mit einem Beckmann nicht mehr zu erreichen ist. Durch Anbringung von 2000 Paaren ist man bis etwa $10^{-7}$° gekommen, muß aber dann auf beste Isolation und Ausschaltung aller sekundären Fehlerquellen, namentlich im Chemismus der Apparatur, auf das sorgfältigste achten. Solche Genauigkeit kann man nur in Zwillingskalorimetern ausnutzen, da kein Thermostat so genau einzuregulieren ist. Vgl. hierzu die sehr zahlreichen Präzisionsmessungen von E. Lange (Erlangen) und seinen Mitarbeitern.

Widerstandsthermometer aus dünnem Platindraht, der ohne jede Zerrung mit bester Isolation und großer Oberfläche auf ein Glimmerkreuz aufgewickelt, ja nicht in Glas oder Quarzglas eingeschmolzen ist, werden hauptsächlich in Anstalten wie dem Bureau of Standards, der Physi-

---

[1] 1 Liter Wasser löst bei 0° 29 ccm Luft = 29/22,4 = 1,3 Millimole Gas. Also ist die Erniedrigung des Gefrierpunktes bei Sättigung 0,00186 . 1,3 = 0,024°.

kalisch-Technischen Reichsanstalt u. dgl. zu Messungen von letzter Präzision benutzt. Die Genauigkeit kann bei Verwendung moderner elektrischer Meßapparate achtmal so groß sein wie bei den besten Quecksilberthermometern. Wegen der Eichung (meist bei 0°, 100° und dem Siedepunkt des Schwefels oder dem Quintupelpunkt im System $Na_2SO_4$-$H_2O$) und der besten Meßanordnung sei auf physikalische Handbücher verwiesen.

## 4. Arbeitsweisen

Das kalorimetrische System kann man auch durch beste Isolation thermisch nicht von der Außenwelt abschließen. Auch bei versilberten Vakuum-Mantel-Gefäßen (Weinhold-Bechern oder Dewar-Gefäßen) tritt ein oft schwer kontrollierbarer, weil nachhinkender Wärmeaustausch mit der Umgebung ein. Bei der gewöhnlichen Kalorimetrie haben sich isolierende Packungen aus Watte, Federn, Kieselgur u. dgl. nach meiner Erfahrung nicht bewährt, bringen oft sogar unangenehme Störungen mit sich, wenn der Versuch länger dauert. Ein 1 bis 1,5 cm weiter Luftmantel, der unter Umständen durch einen dünnen Zylinder aus hochglanzpoliertem Metall (Silber, Nickel oder Aluminium), einem sogenannten convection-shield, einmal unterteilt ist, umgeben durch einen großen Wassermantel mit guter Abdeckung nach oben, ist entschieden vorzuziehen. Ein Metalldeckel, dessen abwärts gerichtete Ränder tief in den Wassermantel eintauchen, darauf ein gegen Benetzung gut geschützter Filzdeckel ist zu empfehlen. Noch besser ist ein doppelter Abschluß nach oben: Die untere Fläche des Metalldeckels schließt das eigentliche Kalorimetergefäß ab, für Thermometer, Rührer, Zuleitdrähte zum Heizwiderstand, für die Handhabe, mit deren Hilfe die zu messende Wärmetönung eingeleitet wird, sind Röhren eingelötet; der obere Teil des Deckels ruht auf dem Wassermantel auf. Das Ganze ist mit Wasser gefüllt, das man, wenn man ein übriges tun will, mit dem gerührten Wassermantel durch eine Zentrifugalpumpe in Verbindung bringt. Fig. 4 zeigt ein etwas einfacheres Modell, wo die Temperaturgleichheit in Deckel und Mantel durch eingelötete Metallflanschen begünstigt wird. Die Filzumkleidung und die Rührung des Mantels sind fortgelassen.

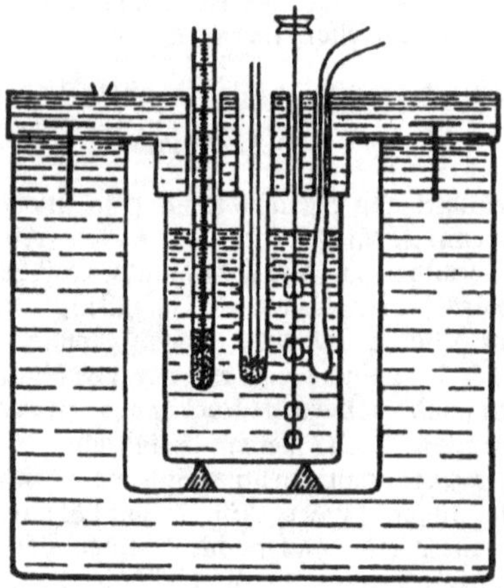

Fig. 4. Praktisches Kalorimeter für genaue Messungen.

Behält das Wasser im großen äußeren Mantel konstante Temperatur, während sich die Kalorimetertemperatur ändert, so spricht man (wenig geschickt) von „isothermer" Kalorimetrie; besser wäre „anisotherme" Kalorimetrie. In dem Fall muß man stets für den Wärmeaustausch des Kalorimeters mit der Umgebung korrigieren; Näheres s. S. 22 ff. Um die Verhältnisse zu vereinfachen, empfiehlt es sich, namentlich bei kleinen Kalorimetern oder wenn die Versuchstemperatur merklich von der Zimmertemperatur abweicht, durch den Luftmantel zwischen Kalorimeter und Wassermantel einen Luftstrom von der konstanten Temperatur des Mantelwassers hindurchzupressen. Zu dem Zweck baut man in den Wassermantel eine lange Kupferschlange ein, die einerseits mit einer kleinen Wasserdruckpumpe, andererseits mit zwei Düsen unter dem eigentlichen Kalorimeter verbunden ist. Mit diesem Kunstgriff und zwei- bis dreimaliger Erneuerung der Luft im Mantel pro Minute gelang es uns[1]), selbst bei kleinen Kalorimetern und nur $^1/_4{}^\circ$ Temperaturerhöhung exakte Messungen durchzuführen, ferner bei Temperaturen bis 100° genau zu kalorimetrieren.

Theoretisch meist besser, praktisch aber nicht immer leicht durchzuführen ist die „adiabatische" Arbeitsweise, bei der die Temperatur des Wassermantels, d. h. der „Umgebung" mit der des Kalorimeters mitgeht, also die Korrektion für den Wärmeaustausch mit der Umgebung theoretisch Null ist. Durch Zufließenlassen von heißem oder kaltem Wasser, bei exothermen Reaktionen durch elektrische Beheizung oder weniger bequem durch Neutralisationswärme kann man dem Idealzustand nahe kommen. Man hat auch mehr oder weniger komplizierte Vorrichtungen ersonnen, um eine automatische Regulierung herbeizuführen. Eine solche ist z. B. folgende: Ein Thermoelement oder eine Kombination von mehreren zeigt die Temperaturdifferenz zwischen Kalorimeter und Wassermantel an, der Lichtstrahl des Spiegelgalvanometers setzt mit Hilfe eines Graukeils und einer empfindlichen Selenzelle oder wohl besser über eine Photozelle ein Relais in Tätigkeit, das die elektrische Beheizung des gut gerührten Außenbades oder das Öffnen und Schließen von Hähnen zur Kalt- oder Warmwasserquelle in Betrieb setzt. Diese etwas nachhinkenden automatischen Vorrichtungen bedingen eine komplizierte, gut zu erprobende Apparatur. Fehlleistungen sind schwer zu korrigieren.

Praktisch besser scheint mir die „Kompensationsmethode" zu sein: Im Kalorimeter selbst spielt sich ein

[1]) O. Schwartz und A. Büchner bei W. A. Roth und O. Schwartz, Z. f. physik. Ch. **134**, 465; 1928; Ber. d. chem. Ges. **61**, 1545; 1928.

Vorgang ab, dessen Wärmetönung $Q$ der unbekannten Wärmetönung $X$ möglichst genau gleich, aber von entgegengesetztem Vorzeichen ist; auch der zeitliche Ablauf beider Reaktionen muß möglichst gleich sein. Beobachtet man die kleine Temperaturänderung $\Delta\vartheta$, so ist $X = W.\text{-}w. \cdot \Delta\vartheta - Q$. Wenn $\Delta\vartheta$ klein ist, ist die Korrektion für den Wärmeaustausch minimal (möglichst gleichen zeitlichen Ablauf vorausgesetzt), und der W.-w. braucht nicht sehr genau bekannt zu sein.

Bei negativen Wärmetönungen (Lösen der meisten Salze, Verdampfen oder Schmelzen) wird man am bequemsten elektrisch kompensieren. Allerdings ist zu bedenken, daß die elektrische Heizung einen linearen Temperaturanstieg mit sich bringt, während die zeitliche Temperaturabnahme beim Lösen eines festen Stoffes eher logarithmisch verläuft[1]).

Bei exothermen Reaktionen ist die Kompensation schwieriger. Man hat das Verdampfen von Flüssigkeiten mit genau bekannter Verdampfungswärme benutzt und die Verdünnungswärme einer fast gesättigten $NH_4NO_3$-Lösung[2]). In beiden Fällen ergibt sich die Größe der Korrektur als Produkt einer Wägung und einer (etwas temperaturempfindlichen) Wärmetönung. Arbeitet man mit der Ammonnitratlösung, so muß man die Verdünnung in einem in das Kalorimeter versenkten Gefäß aus Glas oder Metall vornehmen, braucht also zwei Rührungen.

Bequemer sind „Zwillingskalorimeter", d. h. zwei ganz gleiche Kalorimeter mit Thermoelementen, wo man im einen oder anderen Gefäß durch elektrische Heizung kompensiert.

## 5. Korrektion für den Wärmeaustausch

Jede Korrektion ist nur eine Annäherung. Der Fehler wird um so kleiner, je geringer die Korrektion und je

1) Eine vergleichende Studie obiger kalorimetrischer Meßmethoden bei Roth und C. Eymann, Z. f. physik. Ch. A. **143**, 321; 1929.

2) H. v. Wartenberg und E. Lerner-Steinberg, ebenda 122, 113 u. 121; 1920. — A. Wassermann, ebenda A **146**, 414; 1930.

ähnlicher der zeitliche Verlauf bei Eichung und Versuch ist. Schon aus dem Grunde ist die additive Berechnung des W.-w. unratsam, weil nur beim eigentlichen Versuch korrigiert wird.

Wärmeaustausch kann durch Strahlung, Leitung und durch Konvektion stattfinden[1]). Bei nicht zu großen Temperaturdifferenzen zwischen Kalorimeter und Umgebung wird man immer mit dem Newtonschen Abkühlungsgesetz auskommen. Ist die veränderliche Temperatur des sich abkühlenden Körpers, in unserem Fall des Kalorimeters, $\vartheta$, die als konstant angenommene der Umgebung, in unserem Falle des großen Wassermantels, $\vartheta_\infty$, $t$ die Zeit (bestes Ablese-Intervall ½ Minute), so ist nach Newton:

$$5) \qquad -d\vartheta/dt = k \cdot (\vartheta - \vartheta_\infty).$$

wo $k$ als die Abkühlungskonstante bezeichnet wird. $\vartheta_\infty$, d. h die Temperatur, die das Kalorimeter nach (theoretisch) unendlicher Zeit annimmt [die „Konvergenztemperatur"], wollen wir als praktisch konstant annehmen und den von dem Aufbau des Kalorimeters etwas abhängigen Temperaturgradienten zwischen Kalorimeter und Mantel vernachlässigen. Bläst man einen konstanten Luftstrom durch den Luftmantel, so hat man ja einen fast abrupten Temperatursprung, keinen allmählichen Abfall. Daß die Newtonsche Formel nur eine Annäherung ist, wirkt sich um so weniger aus, je ähnlicher sich $d\vartheta/dt$ bei Versuch und Eichung sind; denn die Fehler fallen dann so gut wie vollständig heraus[2]).

Jeder Versuch gliedert sich in drei Abschnitte, man bestimmt $d\vartheta/dt$ vor dem Versuch (Vorperiode), man läßt die Reaktion sich abspielen (Hauptperiode) und bestimmt $d\vartheta/dt$ nach dem Versuch (Nachperiode). $d\vartheta/dt$ nennen wir für die Vor- und Nachperiode den „Gang". Ist $\vartheta_1$ die mittlere Temperatur der Vor-, $\vartheta_2$ die-

---

[1]) Die bei zu großem Zwischenraum zwischen Kalorimeter und Wassermantel drohende Konvektion wird durch den S. 19 erwähnten „convectionshield" weitgehend unterbunden.

[2]) Vgl. hierzu die kritische Untersuchung, Z. f. Elektrochemie, **49**, *322*: 1943.

jenige der Nachperiode und nennen wir entsprechend die Gänge $G_1$ und $G_2$, so haben wir folgende Gleichungen:

$$G_1 = k \cdot (\bar{\vartheta}_1 - \vartheta_\infty)$$
$$G_2 = k \cdot (\bar{\vartheta}_2 - \vartheta_\infty).$$

Durch Elimination von $\vartheta_\infty$ folgt: $G_1 - G_2 = k \cdot (\bar{\vartheta}_1 - \bar{\vartheta}_2)$ und

6) $$k = \frac{G_1 - G_2}{\bar{\vartheta}_1 - \bar{\vartheta}_2}$$

$k$ ist also leicht zu bestimmen und ist bei stets gleichem Zusammenbau und gleicher Rührgeschwindigkeit eine Apparatkonstante. Wenn $\bar{\vartheta}_1 - \bar{\vartheta}_2$ klein ist, ist $k$ natürlich nicht genau zu bestimmen. $k$ ist für ein kleines Kalorimeter größer als für ein solches mit hohem W.-w. $\vartheta_\infty$ braucht nicht bestimmt zu werden, es berechnet sich zu $\bar{\vartheta}_1 - G_1 / k$, Gleichung 5) nimmt also die Form an:

7) $$-d\vartheta/dt = \frac{G_1 - G_2}{\bar{\vartheta}_1 - \bar{\vartheta}_2} \cdot (\vartheta - \bar{\vartheta}_1) + G_1$$

oder

7a) $$-d\vartheta = [k(\vartheta - \bar{\vartheta}_1) + G_1]\, dt$$

Die Summe der Gänge, d. h. der Korrekturen ist also $\Sigma(k(\vartheta - \bar{\vartheta}_1) + G_1)$, wo $\vartheta$, besser $\bar{\vartheta}$, die mittlere Temperatur während jedes Ablese-Intervalls bedeutet. Steigt die Temperatur abrupt an, wie nach der Zündung in der

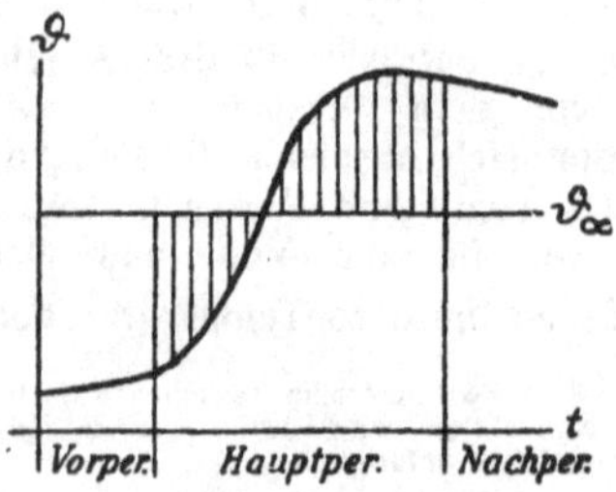


Fig. 5 a. Normaler Temperaturgang bei einer exothermen Reaktion.

kalorimetrischen Bombe (vgl. S. 70), so nimmt man nicht das Mittel, sondern setzt den höheren Wert zweimal in Rechnung und drittelt. Stellt man die zeitliche Tempe-

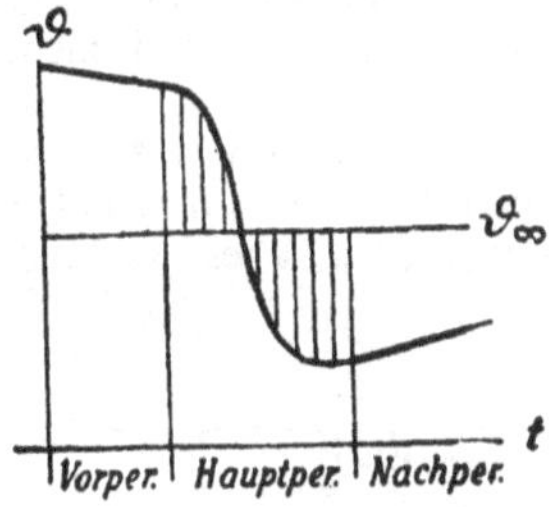


Fig. 5 b. Normaler Temperaturgang bei einer endothermen Reaktion.

raturänderung graphisch dar, so ergeben sich die Bilder von Fig. 5a bis 5d. Da $d\vartheta/dt = k \cdot (\overline{\vartheta} - \vartheta_\infty)$ ist, ist die senkrecht gestrichelte Fläche gleich der Korrektion, denn jeder Streifen ist $dt\,(\overline{\vartheta} - \vartheta_\infty)$ proportional, also = $k' \cdot dt\,(\overline{\vartheta} - \vartheta_\infty)$, die Summe also $\Sigma\,(k'\,[\overline{\vartheta} - \vartheta_\infty] + G_1)\,dt \cdot$ $k'$ ist $k$ proportional, aber natürlich von dem Maßstabe des Auftragens abhängig.

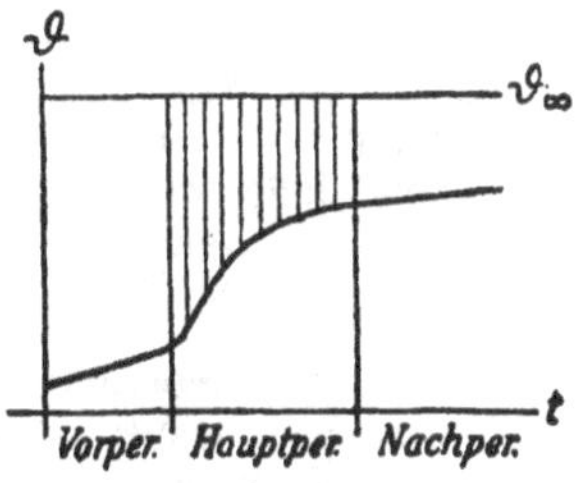


Fig. 5 c. Weniger günstiger Temperaturgang bei einer exothermen Reaktion

Ehe wir auf die Berechnung eines Versuchs eingehen, wollen wir die Figuren diskutieren. Bei Fig. 5a und 5b ist der „Rumfordsche Kniff" benutzt, Anfangs- und Endtemperatur etwa gleich weit von der Konvergenztemperatur $\vartheta_\infty$ zu nehmen. Dadurch wird die Korrektur kleiner, denn die Differenz der beiden Flächenstücke geht in die Rechnung ein, aber sie wird nicht Null, weil die Temperaturänderung anfangs rascher verläuft als gegen Ende der Hauptperiode. $d\vartheta/dt$ ändert das Vorzeichen und geht durch Null hindurch: Die Kurve hat ein flaches Maximum oder Minimum, das aber (entgegen älteren Vor-

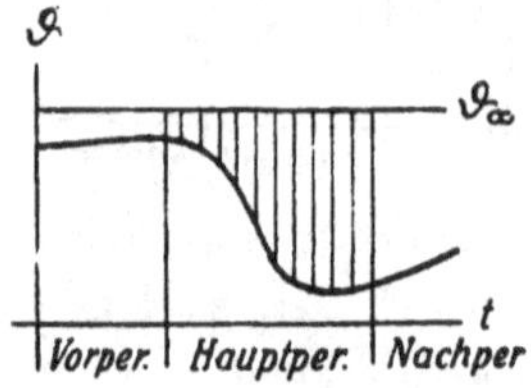


Fig. 5 d. Weniger günstiger Temperaturgang bei einer endothermen Reaktion.

schriften) nicht beachtet wird, höchstens als Zeichen, daß sich die Hauptperiode ihrem Ende nähert. Am kleinsten wird die Korrektur, wenn die Temperatur am Ende der Hauptperiode gleich der Konvergenztemperatur wird, d. h. gleich der Temperatur des Wassermantels, wenn man den geringen Einfluß der Rührwärme vernachlässigt. In Fig. 5 c und 5 d ist der Gang stets positiv, was die Ablesesicherheit erhöhen kann, falls der Quecksilbermeniskus Neigung zum Hängenbleiben zeigt. In Fig. 5 d tritt ein schwaches Minimum auf (s. oben).

Bei Fig. 5 a mißt man eine Temperaturerhöhung; da das Kalorimeter mehr Wärme nach außen abgibt als es von außen aufnimmt, ist die abgelesene Temperaturerhöhung um einen der Differenz der beiden Flächenstücke proportionalen Betrag zu vergrößern. Entsprechend ist im Fall von Fig. 5 b die abgelesene Temperaturerniedrigung zu vergrößern.

Die Gänge sind in den Figuren stets linear gezeichnet, was nicht streng zutrifft, da es in Wirklichkeit logarithmische Kurven sind: $-ln(\vartheta - \vartheta_\infty) = k \cdot t + C\cdot$ Sind die Gänge nicht groß, so macht man bei der Annahme eines linearen Verlaufs keinen ins Gewicht fallenden Fehler.

Bestimmung des Ganges: Man darf in einer fortlaufenden Reihe von Ablesungen, die man in gleichen Zeitabständen gemacht hat, nicht die Differenzen mitteln, da das darauf herauskäme, daß man nur den ersten und den letzten Wert berücksichtigt. Man rechnet nach der aus dem physikalischen Praktikum bekannten Regel:

Wenn $n$ Ablesungen gemacht sind, enthält $(A_n - A_1)$ die gesuchte Größe $(n - 1)$ mal, das Gewicht ist also der größeren Ablesegenauigkeit entsprechend $(n - 1)$; $(A_{n-1} - A_2)$ enthält die gesuchte Größe $(n - 3)$ mal, hat also das Gewicht $(n - 3)$ u. s. f.

$$8)\quad d\vartheta/dt = \frac{(n-1)\cdot(A_n - A_1) + (n-3)\cdot(A_{n-1} - A_2) + (n-5)\cdot(A_{n-2} - A_3) + \ldots}{n\cdot(n+1)\cdot(n-1)\,/\,1\cdot 2\cdot 3}$$

Für verschiedene $n$ ist in der folgenden kleinen Tabelle der Wert des Nenners angegeben:

| $n$ | $\frac{n\cdot(n-1)\cdot(n+1)}{1\cdot 2\cdot 3}$ |
|---|---|
| 4 | $10 = 3^2 + 1^2$ |
| 5 | $20 = 4^2 + 2^2$ |
| 6 | $35 = 5^2 + 3^2 + 1^2$ |
| 7 | $56 = 6^2 + 4^2 + 2^2$ |
| 8 | $84 = 7^2 + 5^2 + 3^2 + 1^2$ |
| 9 | $120 = 8^2 + 6^2 + 4^2 + 2^2$ |
| 10 | $165 = 9^2 + 7^2 + 5^2 + 3^2 + 1^2$. |

Beispiel 1. Gang einer Vorperiode bei exothermer Reaktion:

| | | |
|---|---|---|
| 1,7345° | 1,7465 — 1,7345 = 0,0120° | 9 · 0,0120 = 0,1080° |
| 60° | 1,7450 — 1,7360 = 0,0090° | 7 · 0,0090 = 0,0630° |
| 70° | 1,7440 — 1,7370 = 0,0070° | 5 · 0,0070 = 0,0350° |

1,7385° 1,7425 — 1,7385 = 0,0040° | 3 · 0,0040 = 0,0120°
400° 400° 1,7410 — 1,7400 = | 1 · 0,0010 = 0,0010°
10° Summa = 0,2190° : 165
25° $n = 10; \quad \frac{10 \cdot 11 \cdot 9}{6} = 165$ = $\text{Gang}_1$ = $+ 0{,}0013_3°$
40°
50°
1,7465°

Um nun die letzte, entscheidende Ablesung zu kontrollieren, berechnet man, welche Endablesung sich aus dem (trotz dem logarithmischen Charakter der Kurve als konstant angenommenen) Gang und den Einzelablesungen ergeben würde.

Zu 1,7345 ist neunmal der Gang zu addieren, zu 1,7360 achtmal u. s. f. Man arbeitet schnell und sicher mit dem Rechenschieber und erhält:

| | | | | |
|---|---|---|---|---|
| 1,7345 | 1,7360 | 1,73,70 | 1,7385 | 1,7400° |
| + 0,0120 | + 0,0105 | + 0,0095 | + 0,0080 | + 0,0065° |
| = 1,7465 | 1,7465 | 1,7465 | 1,7465 | 1,7465° |
| 1,7410 | 1,7425 | 1,7440 | 1,7450 | 1,7465° |
| + 0,0055 | + 0,0040 | + 0,0025 | + 0,0015 | + 0° |
| = 1,7465 | 1,7465 | 1,7465 | 1,7465 | 1,7465° |

Man sieht, daß 1,7465° richtig ist. Hierbei sind alle Korrekturen auf 0,0005°, die Ablesefehlergrenze, abgerundet. Die mittlere Temperatur der Vorperiode $\bar{\vartheta}_1$ ist 1,7405°.

B e i s p i e l 2 ist die Nachperiode des gleichen Versuchs.

2,8355° 2,8230 — 2,8355 = —0,0125° —8 · 0,0125 = —0,1000°
35° 2,8245 — 2,8335 = —0,0090° —6 · 0,0090 = —0,0540°
20° 2,8260 — 2,8320 = —0,0060° —4 · 0,0060 = —0,0240°
05° 2,8280 — 2,8305 = —0,0025° —2 · 0,0025 = —0,0050°
290° Summa . . . —0,1830°
80° $8^2 + 6^2 + 4^2 = 120$
60° $n = 9; \frac{9 \cdot 10 \cdot 8}{6} = 120$ $\text{Gang}_2 = \frac{-0.1830}{120} = -0{,}0015_3°$
45°
2,8230°

Kontrolle der entscheidenden ersten Ablesung:

$$\begin{array}{rrrr} 2{,}8355 & 2{,}8335 & 2{,}8320 & 2{,}8305^\circ \\ +\qquad 0 & +\,0{,}0015 & +\,0{,}0030 & +\,0{,}0045^\circ \\ \hline 2{,}8355 & 2{,}8350 & 2{,}8350 & 2{,}8350^\circ \end{array}$$

$$\begin{array}{rrrrr} 2{,}8290 & 2{,}8280 & 2{,}8260 & 2{,}8245 & 2{,}8230^\circ \\ +\,0{,}0060 & +\,0{,}0075 & +\,0{,}0090 & +\,0{,}0105 & +\,0{,}0120^\circ \\ \hline 2{,}8350 & 2{,}8355 & 2{,}8350 & 2{,}8350 & 2{,}8350^\circ \end{array}$$

Die erste entscheidende Ablesung ist also in 2,8350° umzuwandeln. Die Differenz liegt innerhalb der Ablesefehler. Die mittlere Temperatur der Nachperiode ist $\overline{\vartheta}_n$ = 2,8290°. k, die Abkühlungskonstante oder besser die „spezifische Gangänderung“ pro Ablese-Intervall (1/2 Minute), ist also nach Gleichung 6):

$$\frac{+\,0{,}0013_3 - (-\,0{,}0015_3)}{1{,}7405 - 2{,}8290} = \frac{-\,0{,}00286}{1{,}089} = \underline{-0{,}0026_3{}^\circ},$$

d. h. wenn die Temperatur des Kalorimeters um 1° höher liegt als die des Wassermantels, kühlt sich das Kalorimeter in 1/2 Minute um $0{,}0026_3{}^\circ$ ab.

Die Konvergenztemperatur $\vartheta_\infty$, die in die Zahlenrechnung nicht eingeht, ist $1{,}7405 - 0{,}0013_3 \,/\, (-\,0{,}0026_3) = 2{,}246^\circ$. Zeigt das Thermometer, ausreichende Rührung vorausgesetzt, diese Temperatur an, so ist der Wärmeaustausch mit der Umgebung Null, wobei wieder die Temperatursteigerung durch die Rührwärme nicht berücksichtigt ist. Tatsächlich wird die Temperatur, wo $d\vartheta \,/\, dt = 0$ ist, ein wenig höher liegen.

Für den Wärmeaustausch mit der Umgebung kommt die Temperatur der an den Luftmantel angrenzenden Partie des Kalorimeterwassers in Frage; die Rührung soll bewirken, daß die Temperatur im ganzen Kalorimeter die gleiche ist; das ist ebenso ein Idealfall wie die Konstanz der Außentemperatur, denn die Temperatur des Wassermantels steigt bei Wärmeentwicklung im Kalorimeter ebenfalls etwas an. Jede Korrektion ist eine Annäherung, weil man bei ihrer Berechnung gewisse Vereinfachungen annehmen muß. Arbeitet man mit letzter Präzision und ist die Länge der Hauptperiode bei Eichung und Versuch sehr verschieden, so muß man den Einfluß der Rührwärme bestimmen, indem man Kalorimeter und Wassermantel genau gleich temperiert und die Temperatursteigerung durch das Rühren bestimmt. Meist fällt die Korrektur in die Fehlergrenzen, namentlich wenn Eichung und Versuch ähnlich verlaufen. Beim Arbeiten mit einem Zwillingskalorimeter fällt der Einfluß ganz heraus, falls beide Kompartimente gleich stark gerührt werden[1])

Versuch

Vorperiode: Gang + $0{,}0013_8$, mittlere Temperatur = 1,740° = $\overline{\vartheta}_1$, letzte Ablesung 1,7465°

| | |
|---|---|
| 1,7535 | |
| 1,977 | |
| 2,235 | |
| 2,460 | |
| 2,545 | |
| 2,700 | Hauptperiode |
| 2,810 | 12 Intervalle |
| 2,8205 | |
| 2,8275 | |
| 2,8325 | |
| 2,8360 | |
| 2,8395 | |

Nachperiode: Gang — $0{,}0015_8$°; Mittlere Temperatur 2,829° = $\overline{\vartheta}_2$. Erste Ablesung korrigiert 2,8350°.

Berechnung des Wärmeaustausches. Für jedes Intervall ist $\overline{\vartheta}$, die mittlere Temperatur, einzusetzen. $k$ = 0,00263 wird auf dem Rechenschieber eingestellt. $\overline{\vartheta}_1$ = 1,740° $G_1$ = + $0{,}0013_8$'.

1) Einen typischen Fall, wo die Rührwärme die Resultate anfangs fälschte, siehe bei Roth, E. Börger und A. Bertram, Ber. d. D. chem. Ges. 70, 971; 1937.

| Ablesuug | $\bar{\vartheta}$ | $\bar{\vartheta}-\bar{\vartheta}_1$ | $k(\bar{\vartheta}-\bar{\vartheta}_1)$ | $k(\bar{\vartheta}-\bar{\vartheta}_1)-G_1 =$ Korrektion |
|---|---|---|---|---|
| = 1,754 | 1,750 | + 0,010 | — 0,00003 | + 0,00130 |
| 1,977 | 1,865 | + 0,125 | — 0,00033 | + 0,00100 |
| 2,235 | 2,105 | + 0,365 | — 0,00096 | + 0,00037 |
| 2,460 | 2,350 | + 0,610 | — 0,00160 | — 0,00027 |
| 2,545 | 2,500 | + 0,760 | — 0,00200 | — 0,00067 |
| 2,700 | 2,625 | + 0,885 | — 0,00233 | — 0,00100 |
| 2,810 | 2,755 | + 1,015 | — 0,00266 | — 0,00133 |
| 2,820 | 2,815 | + 1,075 | — 0,00282 | — 0,00149 |
| 2,828 | 2,825 | + 1,085 | — 0,00285 | — 0,00152 |
| 2,833 | 2,831 | + 1,091 | — 0,00288 | — 0,00155 |
| 2,836 | 2,834 | + 1,094 | — 0,00288 | — 0,00155 |
| 2,8355 | 2,836 | + 1,096 | — 0,00288 | — 0,00155 |

Die Summe der positiven Korrekturen ist 0,00267, die der negativen 0,01093, die Differenz (unter Fortlassung der letzten Rechenstelle und Abrundung auf 0,0005°) — 0,0085°, d. h. durch Ausstrahlung ist die Temperatur in der zweiten Hälfte der Hauptperiode um 0,0085° mehr gesunken, als sie in der ersten Hälfte durch Einstrahlung gestiegen war. Zu der unkorrigierten Temperaturerhöhung von 2,8350 — 1,7465 = 1,0885° sind also 0,0085° hinzuzufügen; die korrigierte Temperaturerhöhung ist 1,0885 + 0,0085 = *1,0970°*. Der Gang der Nachperiode ist wichtiger und daher genauer zu bestimmen als der der Vorperiode, denn obiges Beispiel zeigt, daß die meisten Korrekturen dem Gang der Nachperiode gleich oder ähnlich sind. Das Resultat bleibt, wie man sich leicht überzeugen kann, ungeändert oder nur innerhalb des Ablesefehlers von 0,0005° anders, wenn man innerhalb der Vor- oder Nachperiode an einem anderen Punkt „abstreicht". Liest man bei heftig verlaufenden Reaktionen nicht alle $^1/_2$, sondern alle $^1/_4$ Minute ab, so ändert sich das Resultat ebenfalls kaum.

Obige Rechnung, die kompliziert erscheint, erledigt sich bei einiger Übung mit dem Rechenschieber einschließlich Hinschreiben in etwa 10 Minuten. Man hat einfachere arithmetische Formeln angegeben unter Benutzung der

Regnault-Pfaundlerschen Gleichung. Der hier benutzte Weg hat zwei Vorteile: 1. man rechnet $k$, die spezifische Gangänderung aus und hat damit eine gute Kontrolle, denn $k$ muß bei gleichem W.-w. und gleicher Rührung auf einige Prozent konstant sein; 2. man hat die Kontrolle, daß man auf den Gang der Nachperiode kommen muß.

Eine einfache und für viele Zwecke genügend genaue Methode ist folgende: Man extrapoliert den Gang der Vor- und Nachperiode auf den Zeitpunkt, wo die mittlere Temperatur der Hauptperiode erreicht ist und bestimmt danach die Korrektur graphisch, wie in Fig. 6 schematisch gezeichnet ist, oder besser arithmetisch.

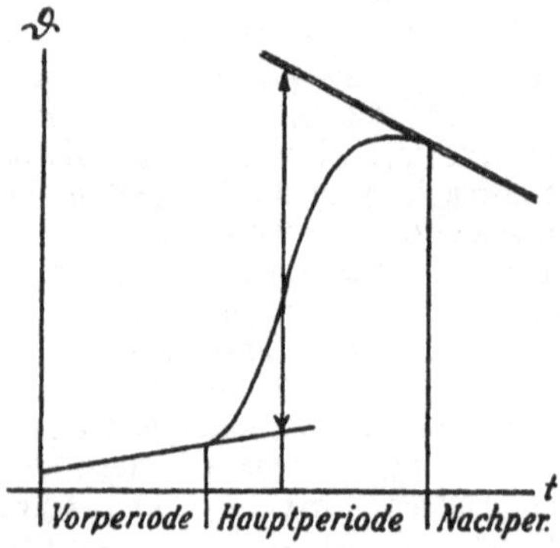


Fig. 6. Graphische Bestimmung der Korrektion für den Wärmeaustausch.

Im vorliegenden Beispiel wird die mittlere Temperatur von etwa 2,29° nach $3^1/_4$ Intervallen erreicht, man hat also von der unkorrigierten Temperaturerhöhung $3^1/_4 \cdot 0{,}00133 = 0{,}0043°$ abzuziehen und $8^3/_4 \cdot 0{,}00153 = 0{,}0134$ zuzuzählen, da die Hauptperiode 12 Ablese-Intervalle umfaßt; die Korrektur ist also + 0,0090°, was mit der strengeren Berechnung bis auf 0,0005° übereinstimmt.

Daß man an den beiden wichtigsten Ablesungen, der letzten der Vor- und der ersten der Nachperiode, die Korrektur für den Kaliberfehler zubringen muß, ist selbstverständlich. Es ist weiter klar, daß die Hauptperiode nicht zu lang sein darf, sonst wird die Korrektur unsicher. Die Länge der Vor- + Nachperiode paßt man am besten der Länge der Hauptperiode an. — Einen vollständigen Versuch findet man auf S. 79 ff.

## 6. Eiskalorimeter

Das Bunsensche Eiskalorimeter arbeitet adiabatisch, da das Kalorimeter und die Umgebung stets 0° behalten.

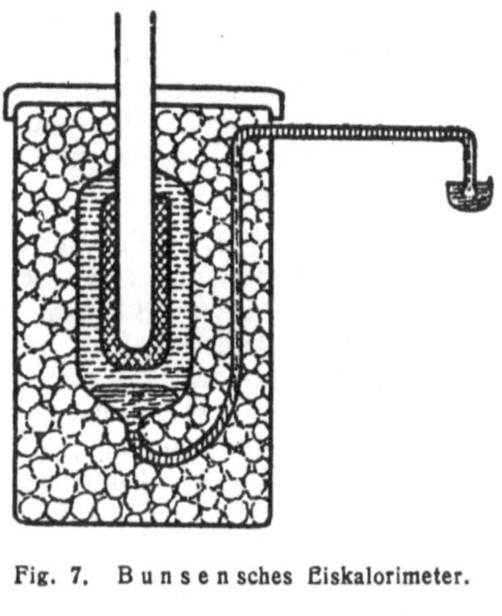

Fig. 7. Bunsensches Eiskalorimeter.

Die Konstruktion geht aus Fig. 7 hervor. Das Rohr, in dem die Umsetzungen vor sich gehen, ist in ein Gefäß eingeschmolzen, das mit luftfreiem Wasser, Eis und Quecksilber angefüllt ist. Der Eismantel umgibt das Reaktionsgefäß. Wärmezufuhr schmilzt Eis, Wärmeentziehung läßt neues Eis entstehen. Da das Schmelzen (abnormerweise!) mit etwa 9 % Volumverminderung verbunden ist, wird die Anzahl cal aus der Verschiebung des Quecksilbermeniskus in der unten angeschmolzenen ⊔⌐-förmig gebogenen, kalibrischen Kapillare geschlossen oder häufiger und bequemer aus der Gewichtsmenge Quecksilber, die in die Kapillare eingesaugt oder ausgeschieden wird. Da 1 g Eis 79,67 cal zum Schmelzen benötigt und dabei 0,0906 ccm Quecksilber eingesaugt werden, entspricht 1 $cal_{15}$ $\frac{0,0906 \cdot 13,596}{79,67} = 0,01546$ g Quecksilber. Die genauesten Bestimmungen haben pro $cal_{15}$ 15,48 mg ergeben.

Da die Umgebung (Eisschrank) infolge von Verunreinigungen des Wassers nie genau konstant 0° hat, bestimmt man den Gang des Kalorimeters durch Wägung des Tiegels einige Zeit vor und nach dem Versuch und korrigiert entsprechend. Das Kalorimeter arbeitet langsam, erlaubt aber andererseits, ganz langsam verlaufende Umsetzungen mit kleiner Wärmetönung zu verfolgen, bei denen jedes andere Kalorimeter versagen würde.

Man hat versucht, das gleiche Prinzip auf organische Stoffe, die etwa bei Zimmertemperatur schmelzen, anzuwenden. Doch scheint es nicht möglich, die Substanzen so rein herzustellen, daß sichere Resultate erhalten werden können. Im Prinzip wäre Naphthalin eine geeignete Substanz, der Ausschlag pro cal wäre viermal so groß wie beim Eiskalorimeter (mit entgegengesetztem Vorzeichen). Bei 80° verlaufen alle Reaktionen weit schneller als bei Raumtemperatur.

---

## Vorbemerkung zu dem Abriß der Thermodynamik

Man kann Wärmetönungen nicht nur kalorimetrisch bestimmen, sondern sie auch aus anderen thermischen Daten ableiten. Das soll in den nächsten Kapiteln erörtert werden. Da das Bändchen die „Thermochemie“, nicht die „Thermodynamik“ zum Gegenstande hat, wird von letzterer nur so viel und in vereinfachter Form gebracht, wie zur Berechnung von Wärmetönungen aus anderen thermischen Daten dient. Wegen der Methoden, Dissoziationswärmen und dgl. aus Spektraldaten abzuleiten, sei auf moderne Handbücher der Physik verwiesen.

## 7. Erster Hauptsatz, der Satz von der Erhaltung der Energie

Historisches[1]). Daß man auf mechanischem Wege kein „Perpetuum mobile", d. h. keine Maschine, die ohne Hineinschicken von einer entsprechenden Energiemenge Arbeit leistet, konstruieren kann, hat man als Erfahrungstatsache frühzeitig erkannt. Die Pariser Akademie lehnte schon 1775 die Prüfung weiterer Projekte ab. Zweifelhaft blieb es, ob ein Perpetuum mobile zu konstruieren wäre, wenn Wärmevorgänge mitspielen. Man hatte von der Wärme eine falsche Vorstellung: man faßte sie als einen, allerdings unwägbaren Stoff auf.

Den entscheidenden Versuch über die Natur der Wärme stellte Graf Rumford 1798 in München an. Er beobachtete, daß beim Bohren von Kanonen aus einem Bronzestück (mit Pferdeantrieb eines Göpelwerks) eine große Wärmemenge frei wird. Da aber die Bohrspäne die gleiche „Wärmekapazität" (spezifische Wärme) hatten wie das massive Stück, konnte die Wärme nicht infolge von geringerem Aufnahmevermögen der Späne „frei" geworden sein, sondern mußte durch die mechanische Arbeit der Pferde erzeugt sein. Rumford schloß richtig: Wenn man die zum Füttern der Pferde verbrauchte Menge Hafer in einer Dampfmaschine verbrennen würde, wäre die effektive Leistung größer. Dem Gedankengang liegt (unbewußt) das heutige Energieprinzip zugrunde.

Ein Jahr später machte Davy einen noch schlagenderen Versuch über die Natur der Wärme. Er schmolz Eis durch

1) Vgl. hierzu M. Plancks Erstlingswerk „Das Prinzip der Erhaltung der Energie", Leipzig 1887.

mechanische Reibung und wies nach, daß das dabei entstehende Schmelzwasser etwa die doppelte Wärmekapazität hat wie das ursprüngliche Eis, daß also Wärme nicht „frei“ zu werden braucht, sondern daß die Wärme durch mechanische Reibung erzeugt wird, also kein Stoff, sondern eine Energieform ist.

Die entscheidenden Überlegungen und Experimente wurden erst in den 40er Jahren des vorigen Jahrhunderts angestellt, und zwar von drei Outsidern. Der Arzt Jul. Rob. Mayer aus Heilbronn schloß aus physiologischen Beobachtungen, daß der menschliche Körper in den Tropen weniger Substanz veratmet (verbrennt) als in kalten Gegenden, und stellte auf Grund dieser Beobachtung und einiger Spekulationen 1842 das Gesetz von der Erhaltung (Konstanz) der Energie („Kraft“) auf. Nihil fit de nihilo, nihil fit ad nihilum. Energie kann nicht entstehen und kann auch nicht vergehen. Er berechnete als erster auf Umwegen aus der spezifischen Wärme der Luft bei konstantem Druck und bei konstantem Volumen und der bei der Ausdehnung geleisteten Arbeit eine ungefähr richtige Zahl für das mechanische Wärmeäquivalent, d. h. die Anzahl kgm, die 1 cal entsprechen. J. R. Mayer ist also als der Entdecker des Gesetzes von der Erhaltung der Energie anzusehen.

Ohne Mayers Veröffentlichung zu kennen, bestimmte der Ingenieur J. P. Joule in Manchester von 1843 ab nach verschiedenen Methoden mit immer steigender Genauigkeit das mechanische und das elektrische Wärmeäquivalent durch direkte Versuche. Es ist also begründet, daß die elektrische Energieeinheit, die Volt-Ampere-Sekunde, seinen Namen trägt, wenn auch moderne Messungen (4,184 internat. joule = 1 $cal_{15^\circ}$) genauer sind als Joules eigene Versuche.

Unabhängig von Mayer, aber unter Kenntnis von Joules Versuchen zeigte dann der Potsdamer Militärarzt Hermann Helmholtz 1847, daß die gesamte Physik erst dann ein geschlossenes Ganzes bildet, wenn man das Prinzip von der Konstanz, aber der äquivalenten Verwandelbarkeit der Energie aus einer Form in eine andere nach bestimmten Verhältnissen zugrunde legt. Der geniale, früh verstorbene Pionieroffizier S a d i C a r n o t, der den Grund zu der Aufstellung des viel schwierigeren zweiten Hauptsatzes legte, hatte schon vor 1842 in einer nachgelassenen Schrift das Prinzip von der Erhaltung der Energie aufgestellt. Die mathematische Formulierung siehe S. 42.

## F o l g e r u n g e n a u s d e m e r s t e n H a u p t s a t z

1. Um eine Umsetzung rückgängig zu machen, ist die gleiche Energiemenge, aber mit entgegengesetztem Vorzeichen, aufzuwenden. Wäre dem nicht so, so könnte man ja ein einfaches Perpetuum mobile konstruieren. Schmelz- und Erstarrungswärme, Verdampfungs- und Kondensationswärme, Lösungs- und Kristallisationswärme, Bildungs- und Zersetzungswärme sind einander entgegengesetzt gleich. Der Thermochemiker hat also die Wahl, welchen Weg er bei der Messung einschlägt. Statt die Reduktionswärme eines Oxyds zu bestimmen, was meist schwierig ist, bestimmt er die Oxydationswärme des Metalls zu dem betreffenden Oxyd.

2. Geht ein Umsatz einmal direkt, ein zweites Mal in Etappen vor sich, so ist die erste Wärmetönung gleich der Summe der Teilgrößen. Dies Gesetz wurde von dem Petersburger G. H. H e ß rein experimentell 1840, also vor der Aufstellung des Satzes von der Erhaltung der Energie, gefunden, ist aber ein direkte Folgerung aus dem ersten Hauptsatz.

Beispiel: M i x t e r verbrannte Acetylen in der kalorimetrischen Bombe zu Wasser und Kohlensäure; er zersetzte Acetylen durch einen Induktionsfunken zu Ruß und Wasserstoff und verbrannte beide Stoffe gesondert. Dann muß $\mathfrak{Q} = \Sigma \mathfrak{q}$ sein.

$$
\begin{array}{llll}
(C_2H_2 + 2{,}5\ (O_2) & = 2\,(CO_2) + H_2O + & & 311{,}5\ \text{kcal.} \\
\hline
(C_2H_2) = & 2\,[C]_{\text{Russ}} + (H_2) + & & 53{,}9\ \text{kcal.} \\
2\,[C]_{\text{Russ}} + 2\,(O_2) & = 2\,(CO_2) + & & 189{,}5\ \text{„} \\
(H_2) + 0{,}5\ (O_2) & = H_2O + & & 67{,}5\ \text{„} \\
\hline
 & & \text{Summe} \ldots & 310{,}9\ \text{kcal.}
\end{array}
$$

Die Differenz von 2 Promille fällt bei vier Einzelversuchen, namentlich wenn man mit Gasen arbeitet, in die Versuchsfehler.

Ist eine Wärmetönung nicht direkt zu messen, so benutzt man den Heßschen Satz.

Fig. 8. Schema zum Heßschen Satz.

Beispiel: Gesucht ist die Wärmetönung der Reaktion: $[C]_{\text{Graphit}} + 0{,}5\ (O_2) = (CO) + x$. Eine direkte Messung in der einen oder anderen Richtung ist ausgeschlossen. Verbrennt man aber Graphit und Kohlenoxyd zu Kohlensäure, so ist die Differenz gleich der gesuchten Bildungswärme von Kohlenoxyd, wie aus dem Schema von Fig. 8 hervorgeht. Man denke sich [C] erst zu (CO), dann dieses zu $(CO_2)$ verbrannt.

Zahlenmäßig stellt sich das Resultat und das Rechenschema folgendermaßen dar (moderne Präzisionsmessungen):

$$
\begin{array}{llllll}
[C]_{\text{Graphit}} & + (O_2) & = (CO_2) & + & 94{,}02\ \text{kcal.} & (1) \\
(CO) & + 0\cdot 5(O_2) & = (CO_2) & + & 67{,}63\ \text{„} & (2) \\
[C]_{\text{Graphit}} & + 0\cdot 5(O_2) & = (CO) & + & x\ \text{„} & (3)
\end{array}
$$

Subtrahiert man von (1) (2) + (3), so fallen alle Stoffbezeichnungen heraus, denn jede Formel kommt zweimal vor, aber mit entgegengesetztem Vorzeichen. Man erhält $0 = 94{,}02 - 67{,}63 - x;\ x = +\ 26{,}39$ kcal.

In der gleichen Weise geht man stets vor, nur daß häufig mehr Etappen oder Umwege nötig sind. Die Wärmetönung der als erstes Beispiel (S. 5) gewählten Reaktion.

$[S]_{rhomb.} + 1{,}5\ (O_2) = SO_3 + 104{,}6$ kcal.

hat man z. B. nur auf folgenden Umwegen bestimmen können:

| | | | | |
|---|---|---|---|---|
| $[S]_{rhomb} + (O_2) = (SO_2)$ | $+ 70{,}94$ | kcal. | (1) | + |
| $(SO_2) + H_2O_2, aq = H_2SO_4, aq$ | $+ 97{,}49$ | „ | (2) | + |
| $SO_3 + H_2O + aq = H_2SO_4, aq$ | $+ 41{,}18$ | „ | (3) | — |
| $H_2O_2, aq = H_2O + 0{,}5\ (O_2)$ | $+ 22{,}65$ | „ | (4) | — |
| $[S]_{rhomb.} + 1{,}5\ (O_2) = SO_3$ | $+ x$ | „ | (5) | — |

(Unter $H_2SO_4, aq$ ist hier $H_2SO_4$, 5000 $H_2O$ verstanden). (1) und (2) werden addiert, (3), (4) und (5) werden subtrahiert, dann erhält man $x = 70{,}94 + 97{,}49 - 41{,}18 - 22{,}65 = 168{,}43 - 63{,}83 = + 104{,}6$ kcal.

Man könnte auch sagen: die Wärmetönung einer Reaktion ist gleich der Summe der Bildungswärmen der entstehenden minus der Bildungswärmen der verschwindenden Molekeln; da man aber die Bildungswärmen vielfach nur auf Umwegen und durch Kombination der Resultate verschiedener Forscher erhalten kann, ist es praktischer, mit direkten Versuchsdaten zu operieren und Gleichungssysteme wie die vorstehenden aufzustellen.

Die Aufgabe des Thermochemikers ist es, schnell und eindeutig verlaufende Umsetzungen zu finden, so daß jeder Stoff in dem System von Gleichungen zweimal vorkommt. Es ist meist sicherer, selbst zu messen, als fremde Zahlen zu benutzen, ausgenommen, sie sind von einem modernen, guten Beobachter unter den gleichen Temperatur- und Konzentrationsbedingungen gewonnen worden.

3. Einfluß der Temperatur auf eine Wärmetönung (K i r c h h o f f scher Satz). Man hat eine Reaktion bei der Temperatur $t_1$ gemessen und will wissen, wie die Größe bei der höheren Temperatur $t_2$ ist. Die Reaktion sei $A + B = C + D$.

Man kann A + B bei $t_1$ auf zwei Wegen in C + D bei $t_2$ überführen. Man läßt sich die Reaktion bei $t_1$ abspielen und findet die Wärmetönung $Q t_1$, man erwärmt die Reaktionsprodukte C + D von $t_1$ auf $t_2$, wozu die Wärmemenge $(t_2 - t_1) \cdot \Sigma \overline{C'}$ aufgewendet werden muß; hier bedeutet $\Sigma \overline{C'}$ die Summe der mittleren Molarwärmen von C + D zwischen beiden Temperaturen. Man kann aber

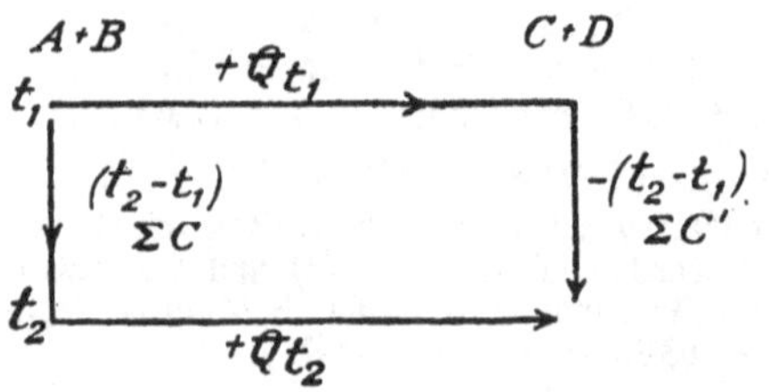


Fig. 9. Schema zum Kirchhoffschen Satz.

auch A + B von $t_1$ auf $t_2$ erwärmen und die Reaktion bei $t_2$ vor sich gehen lassen. Hierzu muß die Wärmemenge $(t_2 - t_1) \cdot \Sigma \overline{C}$ aufgewendet werden, wo $\Sigma \overline{C}$ die Summe der mittleren Molarwärmen von A + B zwischen beiden Temperaturen bedeutet; man erhält die Wärmetönung $Q_{t_2}$ Beide Wege müssen nach dem ersten Hauptsatz zum gleichen Resultat führen (vgl. das Schema von Fig. 9). Also ist:

$$Q_{t_1} - (t_2 - t_1) \cdot \Sigma \overline{C'} = Q_{t_2} - (t_2 - t_1) \cdot \Sigma \overline{C}$$

$$\frac{Q_{t_2} - Q_{t_1}}{t_2 - t_1} \quad \Sigma C - \Sigma \overline{C'}; \frac{dQ}{dT} = \Sigma \overline{C} - \Sigma \overline{C'}.$$

Eine Rechnung nach dem Kirchhoffschen Satz ergibt: Hat man das Kalorimeter vor und nach der Reaktion geeicht (W-w.₁ und W.-w.₂), so ist W.-w.₁ × $\Delta\vartheta$ die Wärmetönung bei der Endtemperatur und W.-w.₂ · $\Delta\vartheta$ die Wärmetönung bei der Ausgangstemperatur. Rechnet man mit dem Mittel der beiden W.-w., so erhält man die Wärmetönung bei der mittleren Temperatur.

Zahlenbeispiele zum Kirchhoffschen Satz.

a) Exotherme Reaktion. Thomsen-Kopenhagen maß Neutralisationswärmen bei verschiedenen Temperaturen und die spezifischen Wärmen aller Lösungen, indem er ihnen durch Verknallen der gleichen Knallgasvolumina die gleiche Energie zuführte. Er fand für $NaOH \cdot 100\,H_2O$ die spezifische Wärme 0,968, für $HCl \cdot 100\,H_2O$ 0.964. für die bei der Neutralisation entstehende Lösung $NaCl \cdot 201\,H_2O$ 0.978. Die Wärmeinhalte der je 1 Mol enthaltenden Lösungen sind also vor der Neutralisation 1781 + 1770 = 3551 cal pro Grad, nach der Reaktion 3586 cal. Also ist $dQ/dT$ = 3551 — 3596 = — 45 cal. Experimentell fand Thomsen $dQ/dT$ zu — 43 cal!

b) Endotherme Reaktion. Die Schmelzwärme von 1 g Eis ist bei 0° — 78,67 cal. Wie groß ist sie bei —6,6°, wenn die mittlere spezifische Wärme des unterkühlten Wassers zwischen 0 und —6° 1,008. die des Eises im gleichen Temperaturintervall 0,505 ist? Es gilt die Gleichung — 79,67 + 6,6 · 1,008 = x + 6,6 · 0,505; x = — 79,67 + 6,6 · (1,008 — 0,505) = — 76,35 cal. Gemessen wurden — 76,0 cal. Die Übereinstimmung ist in anbetracht der Schwierigkeit der Messung befriedigend.

Da allgemein die spezifischen Wärmen der Flüssigkeiten größer sind als die der entsprechenden festen Körper, die der Gase oder Dämpfe kleiner als die der Flüssigkeit, nimmt die Erstarrungswärme mit steigender Temperatur zu, die Verdampfungswärme mit steigender Temperatur ab; sie wird bei der kritischen Temperatur Null.

Kennt man die spezifische Verdampfungswärme bei zwei Temperaturen genau, ferner die mittlere spezifische Wärme der Flüssigkeit, so kann man daraus die spezifische Wärme des Dampfes berechnen, während die direkte kalorimetrische Bestimmung schwierig ist.

Die molare Verdampfungswärme des Wassers ist bei + 10° — 10,6446, bei + 20° — 10,5495 kcal, die spezifische Wärme des Wassers kann in dem Intervall als 1,000 angenommen werden, die Molarwärme ist also 18,016. Die

Molarwärme des Wasserdampfes zwischen + 10 und + 20° ist: 18,016 — (— 10549,5 — (— 10644,6)) / 10 = 18,016 — 9,51 = 8,506 und die spezifische, die wegen des niedrigen Sättigungsdruckes schwer zu bestimmen wäre, 0,472; bei 100° hat man 0,462 gefunden.

Ein weiteres Beispiel möge die Kombination von Heßschem und Kirchhoffschem Satz erläutern. Gesucht ist die Wärmetönung des Hochofenprozesses: Reduktion von Magnetit [$Fe_3O_4$] durch (CO) bei 800° C. Eine direkte Messung in der einen oder anderen Richtung ist unmöglich. Also mißt man bei Zimmertemperatur (etwa 20°) nach Heß und rechnet das Resultat dann nach Kirchhoff um.

$$[Fe_3O_4] + 4\,(CO) = 3\,[Fe]\alpha + 4\,(CO_2) + x \quad (-)$$
$$3\,[Fe]\alpha + 2\,(O_2) = [Fe_3O_4] + 266 \cdot 8 \text{ kcal} \quad (-)$$
$$4\,(CO) + 2\,(O_2) = 4\,(CO_2) + 270 \cdot 5 \text{ kcal} \quad (+)$$
$$x = + 3{,}7 \text{ kcal.}$$

Die mittlere Molarwärme von [$Fe_3O_4$] zwischen Raumtemperatur und 800° C ist 50,93, die mittlere Atomwärme von [Fe] 8,90, wo in der spezifischen Wärme etwas Entmagnetisierungswärme enthalten ist, die mittlere Molarwärme von (CO) in jenem Bereich ist 7,40, die von ($CO_2$) 11,22. Also ist die gesuchte Reaktionswärme bei 800° aus folgender Gleichung abzuleiten: $+ 3700 - (800 - 20) \cdot (3 \cdot 8{,}90 + 4 \cdot 11{,}22) = x - (800 - 20) \cdot (50{,}93 + 4 \cdot 7{,}49)$; x ergibt sich zu + 11,3 kcal.

Im allgemeinen kann man sagen, daß Reaktionen, die sich zwischen festen und flüssigen Stoffen abspielen („kondensierte Systeme"), eine mit der Temperatur wenig veränderliche Wärmetönung besitzen, daß die Reaktionswärme aber temperaturempfindlich ist, sobald wie in obigem Beispiel Gase an der Reaktion teilnehmen.

### Mathematische Formulierung des ersten Hauptsatzes

*U* sei die (in ihrem absoluten Betrag unbekannte) innere Energie eines abgeschlossenen Systems, $-\Delta U_p$ die Abnahme der inneren Energie bei der in Frage stehenden Umsetzung, und zwar bei konstantem Druck, $A$ sei die dabei vom System geleistete äußere Arbeit, $Q$ die vom System bei konstantem Volumen aufgenommene Wärmemenge. Dann ist nach dem ersten Hauptsatz:

10) $$-\Delta U_p = A - Q \quad (Q = -\Theta_v).$$ [1]

Die von dem System geleistete äußere Arbeit ist gleich dem Produkt aus der Volumänderung beim Umsatz ($\Delta v$) und dem äußeren Druck $p$, gegen den die Volumänderung stattfindet.

11) $$A = p \cdot \Delta v.$$

In kondensierten Systemen ist $\Delta v$ fast immer zu vernachlässigen, nicht aber, wenn bei dem Umsatz Gase verschwinden oder entstehen.

Beispiel 1. Bei der Knallgasexplosion verschwinden pro Mol Wasser 1,5 Mole Gas. Das Volumen des dabei gebildeten Wassers ist gegen das Gasvolumen vollkommen zu vernachlässigen. denn 18 ccm Wasser entsprechen bei 18° $1{,}5 \cdot 22{,}42 \cdot 291/273$ Litern Gas. Zündet man das Knallgasgemisch in einem geschlossenen Gefäß, so entsteht ein Unterdruck; öffnet man nach Beendigung des Versuchs das Gefäß, so stürzt Luft von Atmosphärendruck nach und man gewinnt dabei die Arbeit $p \cdot \Delta v$. Berechnet man die Wärmetönung auf 1 Mol Wasser. so ist $\Delta v$ das Volumen von 1,5 Molen Gas. Nach der Gasgleichung $n \cdot p \cdot v = n \cdot RT = n \cdot 1{,}987 \cdot T\ cal$ ist in unserm Fall die beim Öffnen des Gefäßes von der Atmosphäre geleistete, also im Kalorimeter gewonnene Arbeit $1{,}5 \cdot 1{,}987 \cdot 291 = 1{,}5 \cdot 578$ cal $= +\ 0{,}87$ kcal.

Mixter fand für $\Theta_v$ bei 18° in einer geschlossenen Bombe + 67,63 kcal, also ist $-\Delta U_p$ nach 10) = + 67,63 + 0,87 = + 68,40 kcal. Thomsen fand bei der gleichen Temperatur in einem offenen Explosionsgefäß + 68,39 kcal.

---

[1]) Thermodynamisch: $\Delta U$ = Zunahme der inneren Energie, $A$ = dem System von außen zugeführte Arbeit. $Q$ die von außen zugeführte Wärme also $\Delta U = A + Q$.

Die Differenz von 0,01 kcal fällt selbstverständlich in die Fehlergrenze. Der beste moderne Wert für $Q_p$ (F. D. Rossini, Bur. of Stand. J. of Research 6; 34; 1931) ist bei 25° + 68,313 ± 0,010 kcal. Da die Molarwärme des Wassers zwischen + 18 und + 25° 17,98, die des Knallgases 6,87 + 0,5 · 6,99 = 10,27 ist, folgt für + 18° + 68,313 + 7 · (17,98 — 10,27)/1000 = + 68,37, fast genau mit Thomsen und Mixter übereinstimmend.

Beispiel 2. Die molare Verbrennungswärme von flüssigem Nitroglycerin $C_3H_5(NO_2)_3$ ist bei konstantem Volumen (in der kalorimetrischen Bombe) + 370,2 kcal, wenn die Verbrennungsprodukte $(CO_2)$, $(N_2)$ und $H_2O$ sind. Wie groß ist die molare Verbrennungswärme bei konstantem Druck und bei der Explosion bei konstantem Druck, wenn Wasserdampf entsteht?

Die Bombenreaktion ist $C_3H_5(NO_2)_3 = 3\,(CO_2) + 1{,}5\,(N_2) + 2{,}5\,H_2O + 0{,}25\,(O_2) + 370{,}2$ kcal; hierbei bilden sich 4,75 Mole Gas. Bei konstantem Druck würden also 4,75 · 578 cal = 2,7 kcal weniger entwickelt werden, denn die entstehenden Gase leisten Arbeit gegen die Atmosphäre. Die Verbrennungswärme bei konstantem Druck unter Bildung von flüssigem Wasser ist also nur 367,5 kcal.

Entsteht nicht flüssiges Wasser, sondern Wasserdampf, so werden pro Mol Nitroglycerin 7,25 Mole Gas entwickelt, man hätte also 7,25 · 578 cal = 4,2 kcal abzuziehen, dazu die Verdampfungswärme von 2,5 Molen Wasser bei 18° = 2,5 · 10,56 = 26,4 kcal. Die Verbrennungswärme wäre unter diesen Umständen nur 339,6 kcal.

Die Verdampfungswärme einer Flüssigkeit setzt sich aus der äußeren Arbeit R · T und der „inneren Verdampfungswärme" zusammen. **Sobald Gase auftreten, muß man $Q_v$ und $Q_p$ scharf unterscheiden.** Unter Abnahme der inneren Energie sei fortan stets diejenige bei konstantem Druck $(-\Delta U_p)$ verstanden.

### Wirkungsbereich des ersten Hauptsatzes

Der erste Hauptsatz sagt nur aus: wenn ein Umsatz eintritt, muß die Abnahme der inneren Energie gleich der vom System geleisteten Arbeit plus der (in gleichem Maß zu messenden) entwickelten Wärmemenge sein. Er ist sozusagen nur ein Kontrollorgan, er kann nichts darüber aussagen, ob eine Reaktion eintritt oder nach welcher Richtung sich ein Gleichgewicht verschiebt. Man hat den ersten Hauptsatz scherzhaft, aber zutreffend, die „thermodynamische Oberrechnungskammer" genannt, die nur ihr „rechnerisch richtig" unter die Abrechnung zu setzen hat, aber keine Bestimmungen treffen kann. In der „klassischen" Zeit der Thermochemie (Jul. Thomsen und Marc. Berthelot) sah man in der Wärmetönung einer Reaktion mehr: man setzte die Wärmetönung gleich der treibenden Kraft (Thomsen), die man „Affinität" nannte; man glaubte, daß sich jede Reaktion so abspielte, daß ein Maximum an Wärme entwickelt würde (Berthelot). Letzteres ist nicht der Fall: schon die Existenz irgendeines Gleichgewichtes, wo die Reaktion also je nach Änderung der Bedingungen nach der einen oder der anderen Seite geht (Beispiel für Zimmertemperatur die Dissoziation einer nicht ganz starken Säure oder Base oder die Hydrolyse des Chlors), spricht gegen das „principe du travail maximum" von Berthelot. Hingegen stimmt die erste Aussage bei Zimmertemperatur, namentlich wenn keine Gase an der Reaktion teilnehmen, ungefähr: von vergleichbaren Verbindungen besitzen die stabilsten die größte Wärmetönung, wie man in der Reihe der Halogenwasserstoffsäuren oder der Oxyde von Metallen ablesen kann. Da sich nun manche Reaktionen stets abspielen, andere nicht, muß es ein zweites umfassenderes Gesetz geben, das Aussagen zu machen gestattet, während der erste Hauptsatz nur den Energieumsatz kontrolliert. Dies umfassendere Gesetz, das aber wesentlich schwieriger und mannigfaltiger ist, ist der „zweite Hauptsatz" oder der Satz von der unvollständigen Verwandelbarkeit von Wärme in Arbeit.

## 8. Zweiter Hauptsatz der Thermodynamik

Beginnen wir mit Erfahrungstatsachen, denn der zweite Hauptsatz ist, genau wie der erste und der Satz von der Erhaltung der Masse, ein Erfahrungssatz, nicht aus a priori-Annahmen am Schreibtisch hergeleitet.

Man kann, z. B. durch eine Bremsvorrichtung, Arbeit vollständig in Wärme verwandeln: das $mv^2/2$ eines Eisenbahnzuges wird beim Bremsen glattauf in Wärme verwandelt, die so groß wird, daß glühende $Fe_3O_4$-Teilchen von Bremse und Rädern abfliegen. Umgekehrt gibt es keinen Weg, einem Wasserbehälter periodisch Wärme zu entziehen und in Arbeit zu verwandeln. Dem ersten Hauptsatz würde es nicht widersprechen, wenn man eine periodisch wirkende Schiffsmaschine konstruierte, die dem praktisch unendlich großen Wärmereservoir des Ozeans an einer Stelle einige 1000 kcal entzöge, diese zur Fortbewegung des Schiffes benutzte und den Rest speicherte und dieser Vorgang sich kontinuierlich an immer anderen Stellen wiederholte. So könnte man ohne Kohlenverbrauch und noch mit Energiegewinn den Ozean überqueren. Eine solche Maschine (ein „perpetuum mobile zweiter Art"), die wirtschaftlich und auch politisch revolutionär wirken würde, ist erfahrungsgemäß nicht zu konstruieren. Der erste Hauptsatz hätte nur die Energiebilanz zu kontrollieren: A kcal dem Meere entnommen, B zur Fortbewegung verbraucht (in Reibungswärme in Wasser und Luft verwandelt), C kcal gespeichert: $A = B + C$, rechnerisch richtig.

Von selbst entmischt sich ein Körper nicht thermisch, sondern es gleichen sich alle Temperaturdifferenzen aus, ebenso alle Druck- und Konzentrationsdifferenzen, z. B. durch Diffusion. Wohl kann man z. B. durch eine Ammoniakkältemaschine ein Wasserreservoir *einmal* thermisch entmischen, aber um es periodisch zu machen, muß man das Ammoniak, dessen Druckdifferenz sich beim erstenmal ausgeglichen hat, wieder in zwei Portionen von verschiedenem Druck aufteilen, wozu Energie aufzuwenden ist. Es treten also bei einer thermischen Entmischung andere, nicht umkehrbare Vorgänge, dauernde Veränderungen in dem System auf. Eine thermische Entmischung ist niemals der einzige sich abspielende Vorgang.

Das gleiche gilt von Konzentrationsdifferenzen. Überschichtet man eine konzentrierte Kupfersulfatlösung mit Wasser, so verschwindet diese Konzentrationsdifferenz mit der Zeit von selbst. Um den ursprünglichen Zustand wieder herzustellen, könnte man die resultierende homogene Lösung bis zum Ausscheiden von viel Eis abkühlen, dann das Eis vorsichtig schmelzen; alsdann hätte man im oberen Teil des Gefäßes Wasser, im unteren Teil eine konzentrierte Lösung. Aber eine Durchrechnung ergibt, daß Energie aufzuwenden ist, um den von selbst verlaufenden Vorgang des Konzentrationsausgleichs rückgängig zu machen.

Zwei Gase mischen sich infolge der molaren Wärmebewegung auch gegen die Schwerkraft von selbst. Um den ursprünglichen Zustand der Entmischung herzustellen, sind wieder andere, Energie verbrauchende, nicht umkehrbare Vorgänge notwendig; man denke an die Abtrennung von Stickstoff und Sauerstoff aus der (flüssigen) Luft.

Bei der unregelmäßigen Wimmelbewegung der Gas- und Flüssigkeitsmolekeln ist eine von selbst eintretende Trennung ebenso unwahrscheinlich, wie daß beim Durchschütteln von 100 roten und 100 schwarzen Kugeln je wieder oben (oder unten) nur rote (oder schwarze) Kugeln zu liegen kommen. Jedes System strebt dem wahrscheinlichsten Zustand zu, und das ist, wenn keine Richtkräfte auftreten, wie bei der Kristallbildung, der ungeordnete. Wärmebewegung ist vollkommen ungeordnet. Arbeit könnte man leisten, wenn es gelänge, die ungeordnete Wärmebewegung der Molekeln in eine geordnete, wo alle Teilchen sich nach der gleichen Richtung bewegen, umzuwandeln. Die Wahrscheinlichkeit, daß das je „von selbst“ eintritt, ist praktisch Null. In diesem Kriterium der Wahrscheinlichkeit liegt also etwas Neues, das umfassender ist als der erste Hauptsatz, der nur Energiebilanzen registriert.

Jeder von selbst verlaufende Vorgang kann ein gewisses kleines Quantum an „nutzbarer Energie" schaffen, das Maximum, dann, wenn der Vorgang in jedem Augenblick streng reversibel geleitet wird, wenn jede Reibungswärme oder bei galvanischen Elementen jede Polarisation vermieden wird. Gelingt es, auf irgendeinem Wege (fast immer nur durch ein Gedankenexperiment, denn außer bei einigen galvanischen Ketten sind vollkommen reversible Vorgänge eine Fiktion) die nutzbare Energie zu berechnen, so ist das die maximale Nutzenergie.

Wäre sie es nicht, so könnte man ja zwei Wege miteinander koppeln, auf dem Hinwege die größere Nutzenergie gewinnen, auf dem Rückwege das System auf dem anderen Wege mit kleinerem Energieaufwand in den ursprünglichen Zustand zurückführen; alsdann gäbe die Kombination aber ein Perpetuum mobile zweiter Art, das der Umgebung Wärme entzöge, die als Nutzenergie kontinuierlich gewonnen werden könnte. Eine solche Vorrichtung ist indessen erfahrungsgemäß nicht möglich.

Hat man zwei große Wärmereservoire von den absoluten Temperaturen $T$ und $T + dT$ und entzieht dem wärmeren die Wärmemenge $Q$, die man dem kälteren zuführt, so kann man mit einem Gedankenexperimente (Übertragung der Wärme mit Hilfe eines idealen Gases) ableiten, daß nur $Q \cdot dT/T$ als Nutzenergie gewonnen werden kann. Nennt man diese der unendlich kleinen Temperaturdifferenz $dT$ entsprechende Nutzenergie oder maximale Arbeit (nicht ganz streng) $d\,A$, so ist

12) $dA = Q \cdot dT/T$ oder 12a) $Q/T = dA/dT$

Strengere Ableitungen findet man in den thermodynamischen Lehrbüchern.

$Q/T$ nennt man die Entropieänderung des Systems bei dem betreffenden Vorgang $= \Delta S$. Clausius hat abgeleitet, daß bei allen irreversiblen, von selbst verlaufenden Prozessen $\Delta S$ positiv ist, daß die Entropie des Systems bei einem von selbst verlaufenden Vorgang zunimmt; die Reaktion kommt zum Stillstand, wenn das mögliche Maximum der Entropie erreicht wird. Da bei einem von selbst verlaufenden Vorgang das System einen wahrscheinlicheren Zustand erreicht, also die Wahrscheinlichkeit und die Entropie gleichzeitig zunehmen, müssen Wahrscheinlichkeit und Entropie eng zusammengehören (Boltzmann). Ist ein Vorgang reversibel, d. h. handelt es sich um ein Gleichgewicht, so ist die Entropieänderung $\Delta S$ Null, ebenso die Nutzenergie $A$.

Man hat den entsprechenden zweiten Hauptsatz in Analogie mit dem ersten, dem Satz von der Konstanz der Energie, den „Satz von der Vermehrung der Entropie" genannt. Neuerdings wird in immer steigendem Maße mit Entropien gerechnet.

Nach Trouton ist für nicht assoziierte Flüssigkeit mit nicht zu tiefem Siedepunkt die molare Verdampfungswärme in $cal_{15^\circ}$, geteilt durch die absolute Siedetemperatur (beides bei 1 Atmosphäre) = etwa 21. Dieser Ausdruck ist also die Entropieänderung von 1 Mol Flüssigkeit beim Sieden unter 1 Atmosphäre.

Den absoluten Betrag der Entropie kennt man zunächst ebensowenig wie den absoluten Energieinhalt eines Systems unter bestimmten Bedingungen. Man hat es nur mit Änderungen der Energie und der Entropie ($\Delta U$ und $\Delta S$) zu tun. Der dritte Hauptsatz, der Nernst-Plancksche Wärmesatz (vgl. S. 60), hat dann zu einer einfachen Hypothese über den Betrag der Entropie der kristallinen Stoffe beim absoluten Nullpunkt geführt.

Eliminiert man aus der Formulierung des ersten Hauptsatzes (10) $-\Delta U_p = A - Q$ und der des zweiten Hauptsatzes (12) $dA = Q \cdot dT/T$ den Ausdruck $Q$, so erhält man die wichtigste Formel:

$$13) \qquad -\Delta U_p = A - T \cdot dA/dT = A - \Delta S$$

Handelt es sich nicht um mechanische Arbeit wie $p \cdot \Delta v$ oder $m \cdot g \cdot h$, sondern um die Nutzenergie, die eine chemische Umsetzung leisten kann, die „Reaktionsarbeit", so schreibt man neuerdings nicht $A$, sondern $\mathfrak{A}$.

## 9. Praktische Folgerungen aus dem zweiten Hauptsatz

a) Anwendung auf die Elektrochemie. Berechnung von Wärmetönungen aus elektrochemischen Daten.

Eine umkehrbare galvanische Kette, in der nach der chemischen Reaktionsformel *n g*-Äquivalente umgesetzt werden, habe die elektromotorische Kraft *E*. Dann ist die „Nutzenergie“ $A = E \cdot n \cdot F$, wo *F* die Äquivalentladung von 96 494 Coulomb ist. Schließt man das Element durch einen so großen äußeren Widerstand, daß der innere Widerstand des Elementes und der der Zuleitungen dagegen verschwindet, und versenkt das Element in ein Kalorimeter, so nahm man an, daß im Kalorimeter keinerlei Wärmetönung auftritt, sondern nur im äußeren Widerstand $E \cdot n \cdot F/4{,}184 = E \cdot n \cdot 23062$ $cal_{15}$ entwickelt würden. Läßt man die sich im Element abspielende, stromliefernde Umsetzung in einem Kalorimeter ablaufen, so sei die Wärmetönung pro *n g*-Äquivalente $= \Theta$. Alsdann müßte $\Theta = E \cdot n \cdot F/4{,}184 = n \cdot E \cdot 23062$ cal sein, d. h. man kann in diesem Fall eine Wärmetönung aus der elektromotorischen Kraft einer reversiblen Kette ableiten.

Das erste Beispiel, das man untersuchte, war das Daniell-Element [Zn]/$ZnSO_4$,aq/ $CuSO_4$,aq/ [Cu]. Nach neueren kalorimetrischen Messungen werden 51 500 $cal_{15}$ entwickelt, wenn 1 g-Atom Cu durch Zn aus einer $CuSO_4$-Lösung abgeschieden wird; das ist ja der stromliefernde Vorgang. Da E = 1,096 Volt ist, berechnet sich $\Theta$ zu $2 \cdot 23062 \cdot 1{,}096 = 50550$ cal, also nur wenig verschieden von dem kalorimetrisch gefundenen Wert.

In den meisten anderen Fällen aber war die einfache Formel nicht anwendbar. Eine Konzentrationskette [Ag]/ 0,01 n. $AgNO_3$ / 0,001 n. $AgNO_3$ / [Ag] hat bei etwa + 20° C die EMK 0,058 Volt. Die Reaktionswärme wäre die Verdünnungswärme einer 0,01 n. $AgNO_3$-Lösung auf das zehnfache Volumen oder die Mischungswärme beider Lösungen. Diese Wärmetönungen aber sind fast unmeßbar klein, während die einfache Formel 23062 · 0,058 = 1,34 kcal verlangt.

Die Chlorknallgaskette [Pt] / ($H_2$) / 1,0 n. HCl / ($Cl_2$) / [Pt] hat bei etwa 18° C 1,365 Volt, also sollte $\Theta$ = 1,365 · 2 · 23062 = + 62,96 $kcl_{18}$ sein, während man für die stromliefernde Reaktion ($H_2$) + ($Cl_2$) + aq = 2 HCl, aq kalorimetrisch + 78,62 kcal gefunden hat.

Die Erklärung für diese Unstimmigkeiten gibt Formel 13), die man etwas umgewandelt

14) $-\Delta U_p = \Theta_p = n \cdot F\ (E - T \cdot dE/dT)$

(Formel von Gibbs-Helmholtz) schreiben kann. $\Theta_p$ und $A = E \cdot n \cdot F$ sind nur dann identisch, wenn das Glied $T \cdot dE/dT$ verschwindet. Das ist der Fall, wenn T = 0 wird, was praktisch keine Bedeutung hat, oder wenn $dE/dT$ Null wird. Und das ist beim Daniell ungefähr der Fall, bei den anderen Ketten aber nicht: dE/dT ist beim Daniell nur = + 0,000034, für die „normale" Chlorknallgaskette — 0,00105. Für letztere berechnet sich also die Wärmetönung zu 2 · 23062 (1,365 + 291 · 0,00105) = 46124. 1,670 = + 77 · 0 kcal, also in befriedigender Übereinstimmung mit dem kalorimetrischen Befund von 78,6.

Eine Kette hat man untersucht, wo der einfache Satz $-\Delta U_p = E \cdot n \cdot F$ noch stärker versagt. Es ist die Kette Hg / [HgCl] / 0,1 *n* · KCl / 0,01 n · KOH / [$Hg_2$ O] / Hg, deren stromliefernder Vorgang die Wärmemenge — 3,28 kcal entwickelt, also Wärme bindet, wo also eine endotherme Reaktion Energie entwickelt. *E* ist bei 0° 0,1483 Volt, der Temperaturkoeffizient groß und positiv (+ 0,000837). Nach 14) ist $-\Delta U_p = \Theta p$ in dem Fall = 2 · 23062 · (0,1483—273 · 0,000837) = 46 124 · (0,1483 — 0,2285) = — 3,70 kcal, also nach Vorzeichen vollständig, nach Größe ziemlich gut mit dem kalorimetrischen Befund übereinstimmend.

Kennt man die elektromotorische Kraft eines streng reversiblen Elementes bei mehreren Temperaturen genau, so kann man die Wärmetönung der stromliefernden Reaktion nach Gibbs-Helmholtz (14) ohne jede kalorimetrische Messung ableiten. Wenn aber z. B. die Bildungswärme eines der Reaktionsteilnehmer aus den Elementen gesucht ist, müssen alle anderen Daten aus kalorimetrischen Versuchen bekannt sein.

In der Kette $[Cd]_\alpha$ / $CdCl_2$, aq / [HgCl] / Hg ist die stromliefernde Reaktion: 2 [HgCl] + $[Cd]_\alpha$ = $CdCl_2$, aq + 2 Hg. Ist die Bildungswärme von $[CdCl_2]$ gesucht, so muß die Bildungswärme von [HgCl] genau bekannt sein, ferner die Lösungswärme von $[CdCl_2]$ unter den Bedingungen, die im Element vorliegen. Ob der kalorimetrische Weg sicherer ist oder der elektrochemische, der namentlich in Amerika und Japan immer häufiger beschritten wird, läßt sich nicht generell entscheiden. Im Falle des $[CdCl_2]$ z. B. führt auch der kalorimetrische Weg nicht direkt zum Ziel, da es sehr schwer ist, Chlor direkt auf Metalle einwirken zu lassen (Hinderung durch feine Oxydhäutchen); man muß also den Umweg über die Reaktion $[Cd]_\alpha$ + 2 HCl, aq = $CdCl_2$, aq + $(H_2)$ nehmen, und es geht nicht nur die Lösungswärme des Salzes, sondern auch die Bildungswärme von 2 HCl, aq in die Rechnung ein. Letztere Größe läßt sich ebenfalls nach Gleichung 14) berechnen. Für die Kette $(H_2)$ / 0,01 m. HCl / [AgCl] / [Ag] ist bei + 20° $E$ = 0,4634 Volt, $dE/dT$ = + 0,000172. Also ist für die stromliefernde Reaktion [AgCl] + 0,5 $(H_2)$ = [Ag] + HCl, aq $\Theta$ = — 23062 · (0,4634 — 293 · 0,000172) = + 9,52 kcal. Da die Bildungswärme von [AgCl] durch direkte Synthese im Kalorimeter zu + 30,13 kcal gefunden ist, folgt für 0,5 $(H_2)$ + 0,5 $(Cl_2)$ + aq $\Theta$ = + 39,65 kcal, während man kalorimetrisch + 39,57 gefunden hat.

Im folgenden Beispiel scheint der elektrochemische Weg die Entscheidung zwischen zwei stark divergierenden kalorimetrischen Zahlen herbeigeführt zu haben. Die Thomsenschen Daten, die sonst aus der älteren Zeit die zuverlässigsten sind, scheinen für Blei und Quecksilber weniger gut zu sein. Thomsen gibt als Bildungswärme von [PbO] + 50,3 kcal an, moderne Werte gehen bis zu 52,9 kcal hinauf.

Die Kette [Pb] / [PbO] / NaOH, aq / [HgO] / Hg, die allerdings gewisse Schwächen hat, besitzt eine EMK bei 20° von 0,674 Volt, während *dE/dT* etwa + 0,00005 ist. Also ist die Wärmetönung der stromliefernden Reaktion: [HgO] + [Pb] = [PbO] + Hg $2 \cdot 23062 \cdot (0{,}674 - 293 \cdot 0{,}00005) = + 30{,}4$ kcal. Die Bildungswärme von [HgO] ist ziemlich sicher zu + 21,6 kcal bestimmt, während Thomsens Angabe + 22,0 kcal war. Also ist die Bildungswärme von [PbO] = 30,4 + 21,6 = + 52,5 kcal. Diese und ähnliche Messungen, z. B. der Kette [Bleiamalgam/[PbO]/NaOH, aq/[Pt]/($H_2$) ergeben, daß Thomsens Zahl für [PbO] sicher zu niedrig ausgefallen ist. Die wahrscheinlichste Zahl dürfte für gelbes [PbO] + 51,9 kcal sein.

b) Clausius-Clapeyronsche Formel

Die äußere Arbeit beim Vergasen eines Mols, das im kondensierten Zustand das Volumen v, als Gas oder Dampf das Volumen $V$ einnimmt, ist $A = p \cdot (V - v)$, also $dA/dT = (V - v) \dfrac{dp}{dT}$. Hierbei ist die Änderung von $V$ (und erst recht von v) mit der Temperatur vernachlässigt, da die Änderungen des Sättigungsdrucks mit der Temperatur von ganz anderer Größenordnung sein als die Volumenänderungen. (Vgl. die Tabelle: Sättigungsdruck des Wassers, S. 107.) Die Wärmetönung des Vorgangs, die Verdampfungswärme pro Mol, sei — L. Alsdann ist nach Gleichung 12)

$$15) \qquad -L = T \cdot (V - v) \cdot dp/dT.$$

v ist stets gegen V zu vernachlässigen; gehorcht das Gas den Gasgesetzen, so ist $p \cdot V = R \cdot T$, und Gleichung 15) nimmt die Form an:

$$16) \qquad -L = \frac{R \cdot T^2 \cdot dp/dT}{p} = R \cdot T^2 \cdot d\ln p/dT = 2{,}303 \cdot R \cdot T^2\, d\log p/dT = 4{,}575 \cdot T^2 \cdot d\log p/dT.$$

Bei nicht zu großen Temperaturdifferenzen setzt man dafür

$$16a) \qquad -L = \frac{T_1 \cdot T_2 \cdot 4{,}575 \cdot \log p_2/p_1}{T_2 - T_1}$$

Nach dieser Formel von Clausius-Clapeyron kann man z. B. aus zwei Bestimmungen des Sättigungsdruckes die molare Verdampfungswärme für das Mittel der beiden Temperaturen ableiten; das gleiche gilt für Sublimations- und Dissoziationswärmen. Da es auf das Verhältnis der beiden Drucke sehr ankommt, kombiniere man nur exakte Daten desselben Beobachters.

Beispiel 1. Der Sättigungsdruck des Benzols ist nach den sehr genauen Messungen von Fiock, Ginnings und Holton im Bureau of Standards bei + 10° 0,1251, bei + 20° 0,1632, bei + 30° 0,2139 at. Daraus berechnet sich nach Gleichung 16 a) die molare Verdampfungswärme bei + 15° zu — 8,06, bei + 25° zu — 8,01 kcal; also bei + 20° — 8,03$_5$ kcal. Mit einem Zwillingskalorimeter wurden kompensatorisch (vgl. S. 22) —8,07$_8$ kcal gefunden. Für Methanol und Äthanol, deren Sättigungsdrucke von den gleichen Forschern gemessen worden sind, reicht die einfache Formel nicht aus, weil die Dämpfe assoziiert sind und den Gasgesetzen weniger gut gehorchen wie Benzoldampf.

Es ist nicht immer leicht zu entscheiden, ob der kalorimetrische Versuch oder die thermodynamische Berechnung sicherer ist. Bei kleinen Sättigungsdrucken oder hohen Temperaturen ist der thermodynamische Weg der allein mögliche.

Da die Sublimationswärme = Schmelzwärme + Verdampfungswärme ist, kann man aus dem Sättigungsdruck der unterkühlten Flüssigkeit und des stabilen festen Körpers die Schmelzwärme berechnen.

Beispiel 2. Der Sättigungsdruck über unterkühltem Wasser ist bei — 10° 2,143 mm, bei — 5° 3,158 mm, die Zahlen für Eis sind 1,946 bzw. 3,008 mm. Wie groß ist die Schmelzwärme des Eises bei der mittleren Temperatur von — 7,5°? Die molare Verdampfungswärme des unterkühlten Wassers ist

$\frac{R \cdot T_1 \cdot T_2}{T_2 - T_1} \ln P_1 / P_2$, die des Eises $\frac{R \cdot T_1 \cdot T_2}{T_2 - T_1} \ln p_2/p_1$, also die Differenz, d. h. die molare Schmelzwärme des Eises $= \frac{R \cdot T_1 \cdot T_2}{T_2 - T_1}$ $(\ln P_2/P_1 - \ln p_2/p_1)$. Die Berechnung ergibt —1,29 kcal. S. 41 hatten wir gesehen, daß die spezifische Schmelzwärme des Eises, bei —6,6° zu —76,0 cal beobachtet, nach dem Kirchhoffschen Satz zu —76,3₅ cal berechnet war. Bei —7,5° ist sie etwa —75,7 cal, also die molare —1,36 kcal, was mit der Berechnung gut übereinstimmt.

Formel 16) gibt umgeformt und integriert:

17) $$\log p = \frac{-L}{4{,}575} \cdot \frac{1}{T} + C,$$

wo $C$ eine Integrationskonstante ist; d. h. trägt man log $p$ gegen 1/T graphisch auf, so erhält man eine gerade Linie, wenn man die Verdampfungswärme $L$ als konstant annimmt; das ist sie nicht ganz, da $L$ nach S. 41 mit steigender Temperatur abnimmt. Die Gerade ist also nur eine Annäherung, und Formel 17) gibt noch nicht eine über ein weites Temperaturgebiet gültige Dampfdruckformel, sie stellt aber eine vorzügliche Kontrolle der Messungen und über ein nicht zu großes Gebiet eine sehr bequeme Interpolationsmöglichkeit dar.

Beispiel 3. Der $CO_2$-Druck über [$CaCO_3$] ist bei 600° 2,35, bei 700° 25,3 mm. Daraus berechnet sich die Dissoziationswärme [$CaCO_3$] = [CaO] + ($CO_2$) nach Formel 16a) bei 650° zu —40,2 kcal. Bei 20° hat man aus der Differenz der Lösungswärmen von [$CaCO_3$] und [CaO] in Salzsäure —42,5 kcal gefunden. Die mittlere Molarwärme von [$CaCO_3$] ist in dem Temperaturgebiet 26,3, die von [CaO] 12,7, die von ($CO_2$) 10,9. Also ist nach Kirchhoff —42,5—630 · (0,0127 + 0,0109) = —x—630 · 0,0263 kcal; —x = —42,5 + 1,7 = —40,8 kcal, genügend genau mit dem thermodynamisch abgeleiteten Wert übereinstimmend.

### c) Kryoskopie und Ebullioskopie

Aus dem Satz von Clausius-Clapeyron und dem Raoultschen Satz über die Dampfdruckerniedrigung kann man die Gefrierpunktserniedrigung und die Siedepunktserhöhung ableiten (J.-H. van't Hoff).

Als Grenzgesetz für verdünnte Lösungen gilt:

$$18)\qquad \Delta T = \frac{R \cdot T^2}{q_0} \cdot c/1000 = m \cdot RT^2/q_0$$

wo $q_0$ die spezifische Schmelz- bzw. Verdampfungswärme des Lösungsmittels, c die Anzahl Mole gelöster Substanz in 1000 g Lösung (m) bedeutet. Bei Elektrolyten ist bei der Berechnung von m die Ionisation zu berücksichtigen.

Aus der thermometrisch, nicht kalorimetrisch bestimmten Gefrierpunktserniedrigung bzw. Siedepunktserhöhung kann man $q_0$ ableiten.

Beispiel 1. Für verdünnte Lösungen von Nichtelektrolyten in Wasser hat man abgeleitet, daß pro Mol in 1000 g Wasser der Gefrierpunkt um 1,861° sinkt (molare Gefrierpunktserniedrigung). Also ist die spezifische Schmelzwärme des Eises — $1{,}987 \cdot 273{,}1^2/1861$ = — 79,63 $cal_{15^\circ}$, während der beste kalorimetrisch bestimmte Wert — 79,67 cal ist.

Ist die Schmelzwärme klein wie bei Stoffen, deren Molekel etwa Kugelgestalt besitzt, und dazu die Schmelztemperatur hoch, wie bei Kampher, so werden die Gefrierpunktserniedrigungen so groß, daß man nicht mit dem Beckmann-Thermometer arbeitet, sondern mit Schmelzpunktröhrchen und gewöhnlichem Thermometer.

Die Formel von van't Hoff gilt auch für die Verschiebung von Gleichgewichtstemperaturen durch Zusätze. So hat man z. B. die Umwandlungswärme von „kristallinen" Flüssigkeiten in normale (p-Azoxyanisol und ähnliche „flüssige Kristalle") aus der Temperaturverschiebung des Klärpunktes durch Zusätze abgeleitet. Die Verschiebung ist groß, also die Umwandlungswärme klein, kalorimetrisch kaum genau zu messen.

Beispiel 2. Die molare Siedepunktserhöhung des Wassers ist für nichtflüchtige Stoffe 0,51₃°, also ist die Verdampfungswärme bei 100° C = $1{,}987 \cdot 373{,}1^2/513$ = 535 $cal_{15^\circ}$; der beste kalorimetrisch bestimmte Wert ist 539,5 cal. — In Beispiel 1 ist die thermodynamische Berechnung, in Beispiel 2 die kalorimetrische Bestimmung der Verdampfungs- oder Kondensationswärme sicherer.

d) Reaktionsisochore

Durch einen genial erdachten Kreisprozeß (unter Benutzung von halbdurchlässigen Wänden) konnte van't Hoff die maximale Arbeit oder Nutzenergie ableiten, die gewonnen wird, wenn ein System, das sich nicht im Gleichgewicht befindet, durch Verschiebung der Konzentrationen ins Gleichgewicht gebracht wird. Als Nebenprodukt fiel bei der Ableitung der scharfe thermodynamische Beweis für das Massenwirkungsgesetz ab. Ist die reversible Reaktion $a \cdot A + b \cdot B \rightleftarrows c \cdot C + d \cdot D$, so ist $\frac{[C]^c \cdot [D]^d}{[A]^a \cdot [B]^b} = K$. Auf diese Schreibweise hat man sich neuerdings geeinigt. Die Klammerausdrücke bedeuten die Konzentrationen.

$K$, die „Massenwirkungskonstante", ist eine von der Temperatur und vom Lösungsmittel und eventuell vom Druck abhängige Größe. Uns interessiert hier nur die Abhängigkeit von der Temperatur.

Bedeutet $K$ jene Konstante für ein beliebiges Gemisch der reagierenden Stoffe und Reaktionsprodukte, $K_{Glg.}$ dasselbe für die Gleichgewichtsmischung, so ist nach van't Hoff

19) $A = R \cdot T\,(ln\,1/K - ln 1/K_{Glg}) = RT\,(ln K_{Glg.} - ln K)$.

Geht man von einem System aus, das alle Stoffe in der Konzentration 1 enthält, so wird

19a) $$A = R \cdot T \cdot ln\,K_{Glg.}$$

Durch Differentiation erhält man:

$dA/dT = R \cdot ln\,K_{Glg.} + RT \cdot d\,ln\,K_{Glg.}/dT$. Daraus folgt mit kleiner Umformung

20) $$-\Delta U = -R \cdot T^2\,d\,ln\,K_{Glg}\,/\,dT.$$

Wird bei dem Vorgang keine äußere Arbeit geleistet, d. h. geht die Reaktion ohne Volumänderung vor sich („Isochore"), so ist die Abnahme der Gesamtenergie des Systems gleich der von dem System bei der Umsetzung entwickelten Wärmemenge. So erlaubt die „Reaktionsisochore" aus der Verschiebung eines Gleichgewichts mit der Temperatur (bei konstantem Volumen) die Reaktionswärme zu berechnen. Für die Praxis wird man die Gleichung in folgender Gestalt verwenden:

$$21)\quad \Theta = -4{,}575 \frac{T_2 \cdot T_1}{T_2 - T_1} \cdot \log K_2 / K_1 \, cal.$$

Die vollkommene Analogie mit dem Satz von Clapeyron-Clausius (16a), (S. 53) beruht darauf, daß Sättigungsdrucke ebenfalls Gleichgewichtskonstanten sind, nämlich diejenigen, welche das Gleichgewicht zwischen Dampf und kondensiertem System regeln.

Gleichung 21) stellt den quantitativen Ausdruck für das Le-Chatelier-Braunsche Prinzip des kleinsten Zwanges, auf Temperaturänderungen angewandt, dar.

Befindet sich ein System im Gleichgewicht, so verschiebt jede Änderung der äußeren Bedingungen das Gleichgewicht in der Richtung, daß die Veränderungen der äußeren Bedingungen (teilweise) kompensiert werden: bei Erhöhung des Druckes geht die Reaktion nach derjenigen Richtung, daß das Volumen verkleinert wird (klassisches Beispiel die Hochdrucksynthese des Ammoniaks). Bei Erhöhung der Temperatur tritt diejenige Reaktion in Kraft, welche Wärme verbraucht, bei Temperaturerniedrigung diejenige, bei welcher Wärme entwickelt wird. Also werden in Gleichgewichtssystemen bei höheren Temperaturen endotherme Reaktionen eintreten, bei tieferen exotherme. Ersteres geht mit Berthelots principe du travail maximum nicht zusammen. Da Ammoniak eine exotherme Verbindung ist, verschiebt sich das Gleichgewicht mit steigender Temperatur nach der Zerfallsseite, man muß also bei der niedrigsten Temperatur arbeiten, bei der der Katalysator noch wirksam ist. Stickoxyd ist eine endotherme Verbindung, man muß also die Temperatur so hoch wie möglich nehmen (Flammenbogen).

Bei 2033° absolut stehen 0,64 Vol.-% (NO) mit Luft [78 Vol.-% ($N_2$), 21 Vol.-% ($O_2$)] im Gleichgewicht, bei 2195° absolut bereits 0,97 Vol.-%. Also ist $K_{2033} = \frac{(0{,}64)^2}{78 \cdot 21} = 0{,}00025$, $K_{2195} = \frac{(0{,}97)^2}{78 \cdot 21} = 0{,}000575$ und $\Theta = \frac{4{,}57_5 \cdot 2033 \cdot 2195}{162} \cdot \log \frac{0{,}000575}{0{,}00025} = -45{,}5$ kcal. Bei Zimmertemperatur hat man (indirekt) —43,0 kcal gefunden. Beide Zahlen sind nicht sehr genau, die Temperaturveränderlichkeit von $Q$ dürfte unerheblich sein.

Die Löslichkeit von [AgCl] verdoppelt sich, die Massenwirkungskonstante $K = [Ag^{\cdot}] \cdot [Cl']$ vervierfacht sich bei Zimmertemperatur, wenn die Temperatur um etwa 15° steigt. Daraus folgt eine Lösungswärme von —15,5 kcal. Die Fällungswärme von [AgCl] ($Ag^{\cdot} + Cl' = [AgCl]$) hat man in ganz verdünnten Lösungen zu + 15,86 kcal gefunden.

Aus diesen thermochemischen Daten folgt für die Analyse: bei genauen Analysen wasche man den AgCl-Niederschlag mit möglichst kaltem Wasser aus, nie mit warmem, geschweige mit heißem: bei 18° sind in 1 Liter Wasser 1,5 mg Chlorsilber gelöst, bei 33° schon 3 mg, bei 100° bereits 21 mg!

Das Ionenprodukt des Wassers $[H^{\cdot}] \cdot [OH']$ verdoppelt sich zwischen 15,5 und 24,7° C; also ist die Ionisationswärme von Wasser bei der mittleren Temperatur von 20° $4{,}575 \cdot 288{,}6 \cdot 297{,}8 \cdot 0{,}301/9{,}2 = -13\,800$ cal. Auch diese Größe ist nicht direkt meßbar, ebensowenig wie die Lösungswärme von [AgCl], wohl aber kann man leicht die Bildungswärme von einem Mol Wasser aus den Ionen messen, nämlich wenn man verdünnte, starke einwertige Basen und Säuren miteinander reagieren läßt. Ionisch geschrieben erhält man z. B. $Na^{\cdot} + OH' + H^{\cdot} + Cl' = Na + Cl' + H_2O + 13\,670$ cal, also ist $H^{\cdot} + OH' = H_2O + 13{,}67$ kcal, was mit dem aus der Reaktionsisochore abgeleiteten Wert sehr gut zusammengeht.

Ist die Neutralisationswärme für eine schwache Säure kleiner als 13,7, so rührt das daher, daß die Säure unter Wärmebindung in die Ionen gespalten werden muß, um das praktisch vollkommen dissoziierte Salz zu geben. Die Differenz gegen 13,7 kcal (bei 18°) ist die Ionisationswärme. Diese kann man ferner nach der Reaktionsisochore aus dem Temperaturgang der Dissoziationskonstanten ableiten. Beide Wege geben bei Benutzung sicherer Messungen annähernd die gleichen Werte. In einigen Fällen kann man die Größe noch anders ableiten: kann man in verdünnten Lösungen die Verdünnungswärme von der Konzentration *C* auf die Konzentration *c* messen und kennt man den Dissoziationsgrad bei beiden Konzentrationen $\alpha_C$ und $\alpha_c$ so ist die Ionisationswärme = molare Verdünnungswärme $\cdot\ (\alpha_c - \alpha_C)$.

Beispiel: Die Lösungswärme von $(SO_2)$ in Wasser steigt wegen der Ionisation nach dem Schema $H_2SO_3$, aq $\rightarrow H^{\cdot} + HSO_3'$ (Dissoziationskonstante bei 10° etwa $0{,}018_4$, bei 25° etwa $0{,}013_0$, also ist die Ionisationswärme nach der Reaktionsisochore positiv) mit steigender Verdünnung stark an. Von $v = 5$ bis $v = 135$ gibt die Gleichung $\Theta = +\ 6{,}648 + 4{,}23 \cdot \alpha$ die Lösungswärmen bei 21° mit einem mittleren Fehler von knapp 0,02 kcal wieder. Die erste Ionisationswärme ist also + 4,23 kcal, aus $d \ln K/dT$ (s. o.) folgt der etwas kleinere Wert + 3,86 kcal.

## 10. Das Wärmetheorem von Nernst und der Nernst-Plancksche Wärmesatz

Aus Gleichung 13) (S. 49) folgt, daß die Abnahme der Gesamtenergie eines Systems nur dann gleich der Nutzenergie *A* ist, wenn entweder $T = 0$ oder $dA/dT = 0$ ist. Letzterer Fall ist selten. Thomsen und Berthelot setzten Wärmetönung und, was wir heut mit Nutzenergie identifizieren, auch bei Raumtemperatur gleich, was theoretisch unmöglich ist, aber doch in vielen Fällen angenähert zutrifft: Die Stabilität der Halogenwasserstoffe ist der Bildungswärme völlig symbat; die Bildungswärme der Metalloxyde steigt um so mehr an, je tiefer das Metall in der Spannungsreihe steht. Also muß in der primitiven Anschauung der Klassiker ein richtiger Kern stecken. Diesen hat Nernst herausgeschält: $-\Delta U = A$ ist ein Grenzgesetz, das bei T = 0 streng, in der Nähe des absoluten Nullpunkts angenähert gilt. Die Formel $-\Delta U_p = A - T \cdot dA/dT$ erlaubt zunächst nicht, $A$ als Temperaturfunktion anzugeben, da man die Integrationskonstante nicht kennt. (Nach Nernst ist sie Null.) Nernst hat nun das Theorem aufgestellt, daß $A$ und $-\Delta U_p$ für kondensierte Systeme, also wo keine Gase an der Reaktion teilnehmen, mit sinkender Temperatur immer kleinere und immer ähnlicher werdende Temperaturkoeffizienten besitzen, so daß sich die Kurven von $A$ und $-\Delta U$ als Temperaturfunktionen beim absoluten Nullpunkt asymptotisch berühren, oder mathematisch ausgedrückt:

$$22)\qquad \lim_{T=0} dA/dT = \lim_{T=0} d(-\Delta U)/dT = 0$$

Letzterer Ausdruck ist nach Kirchhoff $= \Sigma C - \Sigma C'$, diese Größe muß nach dem Theorem für T = 0 Null werden, d. h. die Änderungen der Molarwärmen aller festen Stoffe müssen gleich werden. Das ist nach Messungen, die zuerst Nernst unternommen und angeregt hat, die seitdem für viele Stoffe ausgeführt sind, der Fall. Denn in der Nähe des absoluten Nullpunktes werden alle Atom- und Molarwärmen selbst gleich Null; für manche Stoffe tritt das früher ein, z. B. für Diamant, für andere muß man fast bis zum absoluten Nullpunkt heruntergehen. Die Kurven für $A$ und $-\Delta U$ tangieren sich bei T = 0 und divergieren bei höheren Temperaturen mehr oder weniger stark, vgl. Fig. 10.

Kennt man $-\Delta U = \Theta_P$ bei Zimmertemperatur und die spezifischen Wärmen bis in die Nähe des absoluten Nullpunktes, so kann man die $-\Delta U$-Kurve vollständig zeichnen: da man so $\Delta U_0$ kennt, ist auch $A_0$ gegeben. Stellt man die spezifischen Wärmen durch eine Potenzreihe dar, so

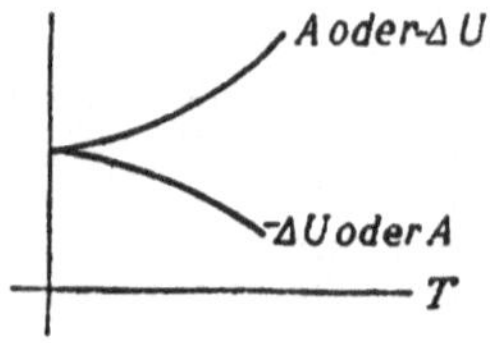


Fig. 10. Nernst sches Theorem.

ist $-\Delta U = -\Delta U_0 + \alpha \cdot T + \beta \cdot T^2 + \gamma \cdot T^3 + \ldots$ Eine einfache mathematische Entwicklung nach Gleichung 13) und 22) ergibt dann (nicht ganz streng):

$$A = -\Delta U_0 - \beta \cdot T^2 - \frac{\gamma}{2} \cdot T^3.$$

Die Nutzenergie ist also aus einer Wärmetönung bei Zimmertemperatur und aus spezifischen Wärmen zu berechnen. Da $\beta$ und $\gamma$ klein zu sein pflegen, gilt das Berthelot-Thomsensche Prinzip bei tiefen Temperaturen, zu denen „Zimmertemperatur" für einen Thermodynamiker gehört, angenähert.

Der strenge Ausdruck für den Nernstschen Satz ist:

$$23) \qquad A = -T \int_0^T \frac{\Delta U}{T} \frac{dT}{T}$$

Wenn $dU/dT$ beim absoluten Nullpunkt $= 0$ wird, so heißt das, daß sich bei 0° K (und wenig darüber) alle Vorgänge ohne Entropieänderung abspielen, daß die Entropien vom Ausgangs- und Endsystem gleich sind, soweit es sich um kristalline Stoffe handelt. Planck ging noch einen Schritt weiter, indem er den Satz aufstellte, daß die Einzelentropien bei 0° K Null werden.

Beim absoluten Nullpunkt ist ein Kristall absolut geordnet. Führt man ihm Wärme zu, so dient diese dazu, den Ordnungszustand zu verringern. Da der ungeordnete Zustand für einen Körper ohne Richtkräfte (wie ein ideales Gas) der wahrscheinlichste ist und Entropie eines Systems und Wahrscheinlichkeit seines Zustandes eng zusammengehören, kann man die Entropie als Maß des Unordnungszustandes auffassen (Boltzmann). Die Entropie eines vollkommen geordneten Kristalls ist also bei 0° K Null, unabhängig von seinen sonstigen chemischen Eigenschaften (Planck). Die Entropie bei der absoluten Temperatur T ist

24) $$S_T = \int_0^T C\,dT/T = \int_0^T C\,d\,ln\,T.$$

Bei tiefen Temperaturen ist $C_p$ und $C_v$ kaum verschieden; da der Ausdehnungskoeffizient = 0 wird.

Messungen der Atom- bzw. Molarwärmen bis in die Nähe des absoluten Nullpunktes gestatten also, die Entropie des betreffenden Stoffes bei jeder Temperatur zu berechnen. Man hat Entropietabellen aufgestellt. Als Einheit wählt man cal/Grad; die Einheit heißt zu Ehren des Forschers, der den Begriff der Entropie zuerst aufgestellt hat, 1 Clausius (1 Cl). Für Gase kann man die Entropie aus Spektraldaten sehr genau berechnen. Die aus thermischen Daten abgeleitete Entropie des festen Stoffes rechnet man mit der Schmelz- und Verdampfungsentropie auf den Gaszustand um und erhält gute Übereinstimmung, falls man bei der Berechnung aus Spektraldaten von richtigen Voraussetzungen ausgegangen ist.

Da $A = \Theta_p - T \cdot \Delta S$ ist, kann $\Theta_p$ berechnet werden, falls man das $A$ der Reaktion aus Gleichgewichten und die Entropieänderung kennt. Namentlich in Amerika ist die

Berechnung nach dem „third law of thermodynamics“ sehr gebräuchlich. Kennt man $\Theta$ und die Entropieänderung, so kann man die Lage von Gleichgewichten bei allen Temperaturen berechnen, was technisch außerordentlich wichtig geworden ist. Vgl. hierzu die Monographie von G. S. Parks und H. M. Huffman: The free energies of some organic compounds, 1932. H. Ulich hat (Zeitschrift für Elektrochemie **45**, 521; 1939) Formeln und Tabellen angegeben, um Gleichgewichte aus thermischen Daten zu berechnen.

Der ursprüngliche Nernstsche Satz galt nur für kondensierte Systeme; sobald Gase an der Reaktion teilnahmen, mußten die Gase erst auf den flüssigen Zustand umgerechnet werden, wozu Dampfdruckformeln, die einen sehr großen Gültigkeitsbereich besaßen, notwendig waren. Arbeitet man mit Entropien und benutzt die Ulichschen Hilfsmethoden und Tabellen, so kann man für jede beliebige Reaktion bei jeder Temperatur die Gleichgewichtslage berechnen, falls die nötigen thermischen Daten vorliegen. Die Nernstsche Näherungsformel und seine Methode, auch nicht kondensierte Systeme in den Kreis der Berechnung zu ziehen, haben daher nur noch historisches Interesse. Es sei auf Nernsts Buch: „Die theoretischen und experimentellen Grundlagen des neuen Wärmesatzes“, 1918, hingewiesen. Bei Umwandlungserscheinungen (Zinn, Schwefel, Graphit u. dgl.) gab der Satz ein klares, treffendes Bild.

Hier sei nur ein System ausführlicher behandelt, das dazu gedient hat, fehlerhafte Bestimmungen von Wärmetönungen richtigzustellen; es ist das kondensierte System [Ag] - [J]. Für die Reaktion [Ag] + [J] =[AgJ] steigt $A$ mit steigender Temperatur stetig an, Thomsens Wert für die Bildungswärme + 13,8 kcal ging aber mit den Messungen von $A$ und den spezifischen Wärmen nicht zusammen. Neuere Messungen, die zur Aufklärung dieser Diskrepanz angestellt wurden, ergaben: aus $E$ reversibler Ketten und $dE/dT$ + 14,35 bis 15,20 kcal, kalorimetrische Messungen (Lösen von [Ag], [J] und [AgJ] in konzentrierten

KJ- oder KCN-Lösungen + 14,82 bis 15,13 kcal, während aus dem Nernstschen Satz (mit Einbeziehung neuerer Rechnungen) + 15,01 bis + 15,19 kcal folgten. Neuerdings hat man kalorimetrisch auf einem direkteren Wege (Reaktion von fein verteiltem Silber mit $KJ_3$-Lösung, Zugabe des der Lösung entzogenen Jods)[1] + 15,34 ± 0,03 mit einem Temperaturkoeffizienten von nur —0,0003 bei Raumtemperatur gefunden.

Für Reaktionen, an denen Gase teilnehmen, hatte Nernst die halbempirische Näherungsformel aufgestellt:

$$25)\quad \log K = \Theta/4{,}575 \cdot T + \Sigma\nu \cdot 1{,}75 \cdot \log T + \Sigma\nu\ C.$$

$\Sigma\nu$ ist der Umsatz der Gasmolekeln: bei $(H_2)$ + $(Cl_2)$ = 2 (HCl) Null, bei $[PbCO_3]$ = [PbO] + $(CO_2)$ eins, bei $[Pb(NO_3)_2]$ = [PbO] + 2 $(NO_2)$ + 0,5 $(O_2)$ zwei und ein halb. $\Theta_p$ bezieht sich auf Raumtemperatur. $C$ sind die sogenannten „chemischen Konstanten" (häufig 3—3,5). Ist $\Sigma\nu = 0$, so regiert hauptsächlich $\Theta_p$ das Gleichgewicht. Ist die Reaktion endotherm (z. B. die Acetylenbildung), so können die resultierenden Verbindungen nur bei den höchsten Temperaturen in kleinen Mengen entstehen. Bleinitrat hat eine höhere Bildungswärme als das Carbonat, ist aber thermisch leichter zersetzbar, weil $2^1/_2$ Gasmolekeln entstehen. Nach Berthelot-Thomsen war das unerklärlich, nach dem Nernstschen Satz ist es selbstverständlich.

## 11. Praktische Thermochemie

### Allgemeines

Aus Gleichung 3) S. 14 folgt, daß man W.-w., Temperaturerhöhung und umgesetzte Substanzmenge mit gleicher Genauigkeit bestimmen muß, wenn man nicht nach einer Kompensationsmethode arbeitet, alsdann braucht der W.-w. nicht so genau bekannt zu sein. Im allgemeinen mißt man mit

---

[1]) A. Bertram und W. A. Roth, Z. f. physik. Ch. A. 178, 227; 1937.

einem größeren Kalorimeter genauer als mit einem kleinen. In letzterem Falle hilft Durchblasen von temperierter Luft durch den Raum zwischen Kalorimeter und Wassermantel. Ist die zu messende Wärmemenge klein und liegt somit der Hauptfehler bei der Bestimmung von $\Delta\vartheta$, so kann man den W.-w. verringern, $\Delta\vartheta$ vergrößern, wenn man Petroleum von geringem Dampfdruck oder Quecksilber als Kalorimeterflüssigkeit wählt. Petroleum kriecht leicht an der Kalorimeterwand empor, so daß der W.-w. öfter kontrolliert werden muß. Der Heizwiderstand braucht nicht geschützt zu werden. Mit Quecksilber arbeitet man sicher, wenn das Kalorimeter aus Nickelblech besteht und alle Lötstellen durch Zaponlack, Bakelit oder Wachs-Kolophonium geschützt sind.

Blanke Metallgefäße (Silber oder Nickel) sind solchen aus Glas vorzuziehen.

Wichtig ist gute und gleichmäßige Rührung. Wählt man Motorantrieb, so kontrolliere man bei ungleichmäßig beanspruchten Batterien öfter die Hub- oder Umdrehungszahl oder schalte ein Ampermeter und einen Schiebewiderstand in den Stromkreis ein und reguliere auf gleiche Stromstärke. Man verwendet Hub- und Rotationsrührer. Hubrührer mit mehreren übereinander angeordneten, perforierten Rührblättern mischen gut durch, fördern aber bei jedem Hub ein wenig Kalorimeterflüssigkeit heraus, was bei Pappdeckeln auf dem Kalorimeter binnen kurzem zu Verziehungen führt. Man verwende Hartgummi- oder Bakelitdeckel. Rotierende Propellerrührer ordnet man exzentrisch und symmetrisch zum Thermometer an, namentlich wenn das Reaktionsgefäß wie bei der kalorimetrischen Bombe viel Platz beansprucht. Durch diese Anordnung wird der W.-w. verkleinert, und die durch den rotierenden Rührer erzeugten Wirbel treffen sich wieder am Thermometer. Ein Kalorimeter von elliptischem Querschnitt wäre oft (theoretisch) das beste.

Von isolierenden Schichten außer einem blanken Metallschild und einem großen Wassermantel sehe man ab. Am sichersten arbeitet man, wenn Raum- und Wassermanteltemperatur fast gleich und konstant sind. Kellerräume sind für genaues Arbeiten am geeignetsten. Das Kalorimeter ist, auch wenn die Flüssigkeit nur einen geringen Dampfdruck hat, wie Wasser, nach oben zu verschließen. Wegen Verkleinerung der Korrektur für den Wärmeaustausch ist auf S. 26 das Nötige gesagt worden.

Man achte darauf, daß Eichung und Versuch ungefähr gleiche zeitliche Temperaturveränderungen mit sich bringen. Sind die Vorzeichen verschieden, so arbeitet man besser beim Versuch nach einer Kompensationsmethode. Hierfür ein Beispiel aus meiner eigenen Praxis[1]: Es wurde die Lösungswärme von [$KNO_3$] unter genau gleichen Bedingungen (Lösung zu $KNO_3$, 350 $H_2O$ bei 21°) nach verschiedenen Methoden gemessen, wobei die Wasserwerte der Kalorimeter fast gleich waren, so daß streng vergleichbare Resultate erzielt wurden.

| | |
|---|---|
| 1. „Anisotherme Methode“: | |
| Nickelbecher ohne Wassermantel | — 8,489 kcal |
| Weinhold-Becher ohne Wassermantel | — 8,532 „ |
| Versilberter Weinhold-Becher mit Wassermantel | — 8,437 „ |
| Nickelbecher als „Unterwasserkalorimeter“ | — 8,470 „ |
| Nickelbecher mit Wassermantel und Durchblasen von temperierter Luft | — 8,415 „ |
| 2. „Adiabatische Methode“: | |
| Nickelbecher im „Unterwasserkalorimeter“ | — 8,421 „ |
| Weinhold-Becher im „Unterwasserkalorimeter“ | — 8,416 „ |
| 3. „Kompensationsmethode“ | — 8,421 „ |

Man sieht, daß die letzten vier Werte innerhalb der Versuchsfehler (± 0,003 kcal) konstant sind (— 8,418 kcal), während die nach primitiveren Methoden gefundenen durchweg zu stark negativ sind und stark streuen, obwohl die Un-

[1]) W. A. Roth und C. Eymann, Z. f. physik. Ch. A. 143, 321; 1929.

sicherheit der Einzelresultate $\left(=\sqrt{\frac{\Sigma\Delta^2}{n(n-1)}}\right.$, wo $\Delta$ die Abweichung vom Mittel, $n$ die Anzahl der Einzelversuche bedeutet$\Big)$ nicht größer war als bei den letzten vier Versuchen. Es lagen eben methodische Fehler vor: der Temperaturgang bei der elektrischen Eichung war positiv und linear, bei den Lösungsversuchen negativ und ungefähr logarithmisch!

Man überschätze daher nicht die Genauigkeit von Versuchen, die nur nach einer Methode gewonnen sind. Der „wahrscheinliche Fehler" täuscht oft eine zu kleine Unsicherheit vor, weil das Resultat an methodischen Fehlern kranken kann. Man ist sicherer, wenn man das gleiche Resultat nach möglichst verschiedenen Methoden erhält. Auch dafür zwei Beispiele:

Für die Bildungswärme von $[Fe_3O_4]_\alpha$ waren durch Oxydation von reinem Eisen in der kalorimetrischen Bombe + 266,86 kcal gefunden worden. Die Zahl wurde später[1]) durch Lösen von $[Fe]_\alpha$ und von $[Fe_3O_4]_\alpha$ in konzentrierter Salzsäure bei 20° C kontrolliert, wobei + 266,76 kcal gefunden wurden. In keinem Falle war das Resultat ohne Korrekturen zu erhalten: in der Bombe entstanden feste Lösungen von [FeO] in $[Fe_3O_4]$; beim Lösen von $[Fe_3O_4]$ in Salzsäure entsteht ein Gemisch von $FeCl_2$- und $FeCl_3$-Lösung, beim Lösen von [Fe] nur $FeCl_2$-Lösung; diese Lösungen mußten mit $H_2O_2$, aq zu $FeCl_3$ oxydiert werden. Ferner mußte beim Lösen des Oxyds für die Verdünnungswärme der konzentrierten Salzsäure durch das entstehende Wasser, beim Lösen des Eisens für die Verdampfungswärme der Säure, die mit dem Wasserstoff entwich, korrigiert werden. Es ist daher verständlich, wenn die Streuung des letzteren Wertes 1, die des ersten 2,5 Promille beträgt.

Daß die beiden nach verschiedenen Methoden gewonnenen Werte fast identisch sind, macht sie vertrauenswürdiger als die älteren, die zwischen 265 und 289 kcal liegen!

---

1) Roth und F. Wienert, Arch. f. Eisenhüttenkunde 7, 455; 1934.

Schwieriger ist die Bildungswärme von [FeO] zu messen, da dieses nicht rein darzustellen ist, weil es disproportioniert. Es wurde versucht, [$Fe_3O_4$] in der Bombe durch Abbrennen von Paraffinöl partiell zu 3 [FeO] zu zersetzen; so erhielt man (unsicher wegen der geringen Umsetzungsquote) für die Bildungswärme von [FeO] + 64,2 kcal. Der umgekehrte Weg, ziemlich reines [FeO] in der Bombe zu [$Fe_3O_4$] zu oxydieren, führte sicherer zu dem fast gleichen Wert + 64,3 kcal. Aus der Lösungswärme von demselben [FeO] und von reinem Eisen in 20prozentiger Salzsäure bei 97° ergaben sich + 64,1, nach Umrechnung auf 20° + 64,2 kcal. Die fast völlige Übereinstimmung der drei Werte bedeutet aber nicht absolute Sicherheit des Resultates, da das Präparat unrein war und allerhand Korrekturen angebracht werden mußten. Mit einem reineren Präparat, das wie [Fe] bei 20° in 38prozentiger Salzsäure gelöst wurde, resultierte nach einigen Korrekturen sicherer der Wert + 64,65 ± 0,12 kcal. Der wahrscheinlichste Wert dürfte + 64,53 sein, während die älteren, kalorimetrisch erhaltenen Zahlen zwischen 60 und 68 kcal schwankten und aus Gleichgewichten mit ($H_2$) oder (CO) 62,7 bis 65,3 kcal abgeleitet wurden (Umrechnung auf etwa + 20° C).

Man sei also trotz gut stimmender Einzelresultate gegen sich selbst ebenso kritisch — wie gegen andere, namentlich frühere Autoren! Man achte streng darauf, daß bei kalorimetrischen Resultaten, die man rechnerisch kombiniert, Temperatur, Konzentration und Lösungsgenossen die gleichen sind. Bei der Verwertung von Literaturdaten gehe man kritisch vor.

In französischen Zeitschriften wurden oft antiquierte Daten in Rechnung gesetzt, die vor der Kritik nicht standhalten. Bei der Bildungswärme des Wassers wurde mit B e r t h e l o t s „erhaschtem" Wert + 69,0 kcal gerechnet, der um 1 % zu hoch ist[1]), und das macht bei der Bildungswärme von wasserstoffreichen organischen Verbindungen, die man nur über die Verbrennungswärmen ableiten kann,

[1]) Er verbrannte etwa 300 ccm Knallgas in der kalorimetrischen Bombe (vgl. S. 70) und erhielt nur etwa 1/5—1/4° Temperaturerhöhung; daneben scheint er den Wasserwert zu hoch eingesetzt zu haben.

viel aus. Bei „Kohlenstoff" sind die Verbrennungswärmen außerordentlich abhängig vom Kristallisationszustand („amorph"-Graphit-Diamant), die Unterschiede betragen mehrere Prozente. Bei der Bildungswärme von Fluoriden achte man darauf, ob der alte Wert für (HF) von Berthelot-Moissan (+ 36 kcal) oder der richtigere, moderne von + 64,2, für HF · aq + 75,7 kcal benutzt ist.

Also ohne Selbstkritik und scharfe Kritik der Literaturwerte kommt man zu ganz abwegigen Schlüssen!

## 12. Die kalorimetrische Bombe

a) Geschichtliches. Konstruktion

Die Oxydation organischer und anorganischer Stoffe mit komprimiertem Sauerstoff hat zuerst der stets originell arbeitende Andrews vorgeschlagen. Berthelot führte die kalorimetrische Bombe in die Thermochemie ein; sie ist im Laufe der Jahrzehnte, öfter umkonstruiert, eine Art Universalinstrument geworden, so daß sie und ihre Handhabung als erstes ausführlicher besprochen zu werden verdienen.

Das Prinzip der Apparatur ist einfach: Ein verschließbares Metallgefäß, das gegen hohen Druck, Sauerstoff und die bei der Verbrennung entstehenden Säuren resistent ist, wird mit Sauerstoff von 20 bis 30 at gefüllt, die Verbrennung wird durch elektrische Zündung von außen eingeleitet. Die Verbrennung verläuft außerordentlich rasch, die Wärme teilt sich langsam dem Kalorimeterwasser mit, nach 8 bis 10 Minuten pflegt bei guter Rührung das Gleichgewicht erreicht zu sein. Man arbeitet wie sonst mit Vor-, Haupt- und Nachperiode und korrigiert für den Wärmeaustausch mit der Umgebung, die Zündungswärme und die Bildungswärme der stets in kleinen Mengen entstehenden Salpetersäure.

So einfach das Prinzip ist, so groß sind die Schwierigkeiten der Konstruktion: hermetischer Verschluß bei sehr hohen Drucken, da lokal Temperaturen bis 2000° auftreten können; isolierte, temperatur- und druckunempfindliche Durchführung einer Zuleitung zur Zündung durch den

Metalldeckel. Die Materialfrage [Unempfindlichkeit gegen ($O_2$), $H_2SO_4$ und $HNO_3$ bei hohen Temperaturen, wobei gewöhnlicher Stahl nicht in Frage kommt], wurde verschieden gelöst. Berthelot versah die Stahlbombe mit einer dicken Platinauskleidung und dichtete sogar mit einem Platinschliff. Der weit billigere Emailleüberzug auf gewöhnlichem Stahl (Mahler) bewährte sich auf die Dauer nicht. Langbein kleidete die Bombe mit einem dünnen Platinblech aus und dichtete mit einem Bleiring. Nach dem ersten Weltkrieg schlug ich vor, die Bombe homogen aus dem gegen Sauerstoff, Salpeter- und Schwefelsäure unempfindlichen austenitischen Chromnickelstahl von Krupp (V2A) zu fertigen, was sich durchaus bewährt hat, solange man halogenfreie Substanzen untersucht. Eine wesentliche Verbesserung war der automatische Verschluß durch einen in den Deckel eingelassenen Kautschukring, der sich an die Wand preßt, sobald innen Überdruck herrscht.

Bei den früheren Konstruktionen preßte sich ein Grat an der Unterseite des Deckels in den in einer flachen Nut des „Bechers" versenkten Bleiring, wenn man die Überwurfmutter mit Innengewinde durch einen langen Schlüssel anzog. Der Bleiring wurde allmählich seitlich herausgepreßt und beschädigte die Platinauskleidung der Langbein-Bomben. Das Gewinde an der Außenseite des Bechers litt mit der Zeit, wenn zu stark angezogen wurde.

Dreiteilige Bomben (Becher, Deckel und Überwurfmutter) sind den zweiteiligen vorzuziehen. Der Deckel ist der empfindlichste Teil: er trägt die Zuleitungen zur Zündung, von denen eine durch Quarzglas oder ein Silikat isoliert hindurchgeführt ist, die andere dem Deckel aufsitzt; ferner trägt der Deckel die mit Ventilen versehenen Vorrichtungen zum Einlassen des Sauerstoffs und zum Ablassen der Gase nach vollendetem Versuch. Die Konstruktion der Ventile geht aus Fig. 11 hervor. Die beiden Zuleitungen enden innerhalb des Bechers in zwei „Armaturen" aus Platin oder V2A-Stahl, von denen die durchgehende meist hohl ist und zum Einlassen des Sauerstoffs dient, die andere in eine große Schleife endet, die das Verbrennungsschälchen aus

Platin, Quarzglas oder Sinterkorund aufnimmt. Um jedes Verstäuben des Verbrennungsgutes zu vermeiden, soll das Einleitungsrohr u n t e r dem Verbrennungsschälchen enden.

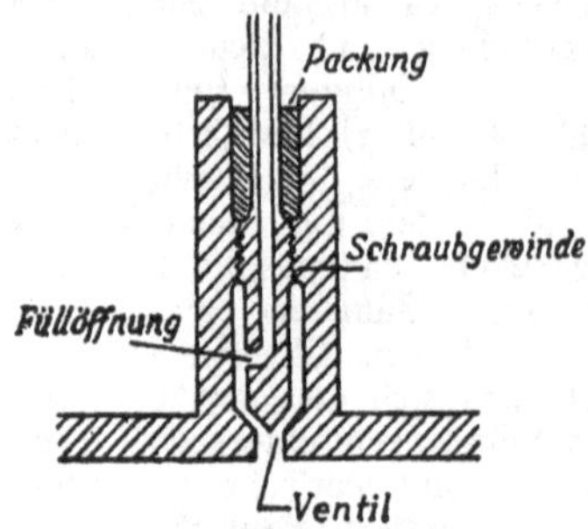


Fig. 11. Ventil der kalorimetrischen Bombe (schematisch).

Um die Isolation im Deckel gegen zu große Erhitzung zu schützen, trägt die eine Armatur mitunter einen kleinen, in der Höhe verschiebbaren Schutzschild aus V2A-Stahl oder besser aus Platin.

Der W.-w. einer normalen „Makrobombe" ist etwa 2600 cal/Grad, man benötigt also je nach der Verbrennungswärme der Substanz 0,5 bis 1 g, um eine Temperaturerhöhung von 1,5 bis 2° zu erhalten. Für kostbare Substanzen wurde daher eine „M i k r o b o m b e" konstruiert (H u g e r s h o f f - Leipzig, J u l. P e t e r s - Berlin), die nur etwa den fünften Teil an Substanz benötigt. Ihr Inhalt ist etwa 50 ccm, der W.-w. des Kalorimeters etwa 500 cal/Grad. Die Konstruktion entspricht völlig der der Makrobombe, nur ist der Deckel mit den Ventilen verhältnismäßig nicht so klein gehalten wie das übrige. Das Einbauen von Bombe, Rührer und Deckel ist durch fixierte Stifte und dergleichen erleichtert. Die Arbeitsweise ist unverändert, nur müssen alle Wägungen genauer ausgeführt werden, und die Zündwärme macht prozentual etwas mehr aus als bei der Makrobombe. Man zünde stets zur gleichen Zeit zwischen zwei Ablesungen. Die Bombe hat sich bei der Untersuchung von Diamant, Hafnium und anderen seltenen Elementen und von kostbaren organischen Präparaten durchaus bewährt und hat die gleichen Resultate wie die Makrobombe gegeben.

b) Zündung

Die Zündung geschieht am besten mit Hilfe eines dünnen Platindrahtes, an den man einen Baumwollfaden knüpft, der in das flüssige Verbrennungsgut eingetaucht, eingeschmolzen oder um die Pastille geknüpft wird. Der Stromkreis besteht ähnlich wie in Fig. 2 aus zwei oder drei Akkumulatoren, einem Regulierwiderstand, Voltmeter (im Nebenschluß), Ampermeter und Stromschlüssel. Vor dem Versuch reguliert man den Widerstand so ein, daß bei einem Stromschluß von 1 bis 2 Sekunden ein helles Glühen des Platindrahtes eintritt. Auf guten Kontakt des Platindrahtes an den Armaturen ist zu achten. Man kann so dünnen Draht verwenden, daß jedesmal ein Durchschmelzen eintritt und man die Stoppuhr in dem Moment arretiert, wo die Ausschläge der beiden Instrumente auf Null zurückgehen. Ich ziehe einen Draht von 0,25 mm Durchmesser vor, der mehrere Verbrennungen aushält, falls man nicht zu hohe Chargen verwendet. Ein Zünden mit Eisendraht ist nicht zu empfehlen, da dieser unvollständig verbrennt, also eine Rückwägung nötig macht (pro Milligramm Sauerstoffaufnahme 4,17 cal, da $Fe_3O_4$ entsteht, vgl. S. 63); arbeitet man mit einer mit Platin ausgekleideten Bombe, so kann die Auskleidung durch verspritztes, flüssiges $Fe_3O_4$ leiden.

c) Arbeitsweise

Eine normale Makrobombe faßt etwa 320 ccm Sauerstoff. Man füllt immer (langsam!!) zum selben Druck auf, 20 bis 25 at reichen vollkommen aus. Bei anderer Füllung kann man den W.-w. leicht korrigieren: $C_v$ von Sauerstoff ist 5,0, also ist der Wärmeinhalt von 320 ccm pro at = $5{,}0 \cdot 0{,}32/24$ = 0,067 cal. Vor dem Füllen zieht man die Überwurfmutter, falls die Dichtung automatisch ist (S. 72), sanft an, bis man einen Widerstand verspürt. Bei zu scharfem Anziehen ist das Öffnen schwierig — man muß vielfach die Bombe einspannen und mit einem „Engländer" aufschrauben!

Die Bombe steht auf einem durchbrochenen Fuß im Kalorimeter mit Rührer und Thermometer. Das hochpolierte Metallkalorimeter steht auf isolierenden Füßen in einem

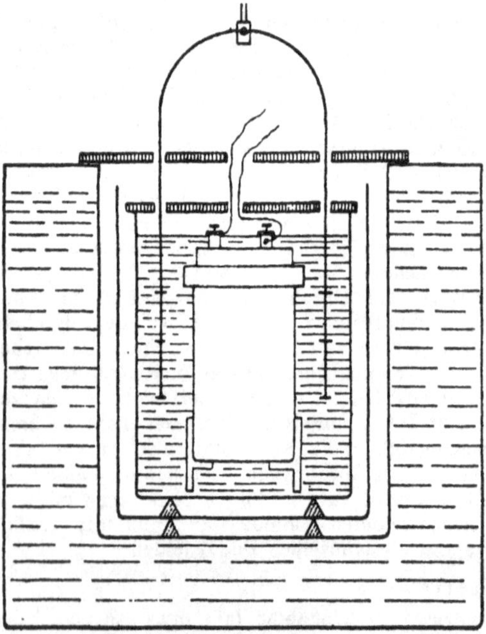

Fig. 12. Kalorimeter mit Verbrennungsbombe.

weiteren Metallgefäß oder, von einem convection-shield umgeben, im Wassermantel (vgl. Fig. 12). Kalorimeter und Wassermantel sind durch Deckel aus Hartgummi, Bakelit oder dergleichen abgedeckt. Den Wassermantel versieht man am besten mit einem einfachen Hubrührer, nach dessen

Betätigung man vor dem Abwägen des Kalorimeterwassers die Temperatur mißt. Da man normalerweise mit einer Temperaturerhöhung von 1,5 bis 2° arbeitet, temperiert man das einzuwägende Wasser auf eine Temperatur von 1 bis 1,5° unter der Temperatur des Wassermantels. Das Wasser wird auf 0,05 bis 0,1 g genau gewogen. Am besten macht man sich für das leere, trockene Kalorimeter eine Tara aus einer großen wassergefüllten Flasche mit Schliff; den Schliff sichert man mit etwas Vaselin. Man wägt so viel Wasser ein, daß nur die beiden Klemmschrauben der Zündung herausragen.

d) Eichung

Man eicht mit Benzoesäure und Bernsteinsäure von Merck oder Schering-Kahlbaum (Präparate mit Eichschein oder genau angegebener Verbrennungswärme). Bernsteinsäure darf nicht über 100° und nicht zu lange getrocknet werden, da sonst etwas Anhydrid entsteht und die Verbrennungswärme zu hoch wird. Benzoesäure darf man vorsichtig mit einer kleinen Flamme schmelzen ohne zu langes Erhitzen. Man taucht den Faden in die Mitte der Schmelze, läßt erstarren und pinselt Faden und Schälchen sorgfältig ab, um die herausspießenden Kristallnädelchen vollständig zu entfernen. Geht man so vor, so werden die mit beiden Präparaten erhaltenen W.-w. fast identisch sein.

Man hat Benzoesäure in Kalorimetern verbrannt, die elektrisch geeicht waren. Pro Gramm, auf den luftleeren Raum reduziert, hatten bei 25° C gefunden:

Wrede mit Pt-Widerstandsthermometer, 1909, Berlin . . . . . . . . . . . 6318,2 ± 4,3 $cal_{15}$

Dickinson mit Pt-Widerstandsthermometer, 1915, Washington . . . . . . 6319,2 ± 2,0 „

Roth-Doepke-Banse mit Beckmann-Thermometer, 1928, Braunschweig . . . . . . . . . . . . 6317,0 ± 3,6 „

Jaeger-von Steinwehr mit Pt-Widerstandsthermometer, 1928, PTR Charlottenburg . . . . . . . . . 6318,0 ± 6,0 „

Jessup-Green mit Pt-Widerstandsthermometer, 1934, Washington . . . 6315,6 ± 1,6 $cal_{15}$.
Die Säure war 99,964prozentig, für 100prozentige Säure 6317,9 cal.

International sind pro Gramm, in Luft gewogen, 6323 $cal_{15}$ (in vacuo 6319) angenommen. Als sekundäre Eichsubstanz hat man Bernsteinsäure gewählt, die man in mit Benzoesäure geeichten Kalorimetern verbrannt hat. Pro Gramm in vacuo bei + 20° C fanden unter den von Washburn vorgeschlagenen Normalbedingungen[1]):

Keffler, Liverpool, 1934, Beckmann-Thermometer . . . . . . . . . . . . . . 3024,8 cal
Beckers, Brüssel, 1931, Beckmann-Thermometer . . . . . . . . . . . . . . 3026,2 „
Roth und Becker, Braunschweig, 1937, Beckmann-Thermometer . . . . . . . . 3025,5 „
Huffman, USA, 1938, Pt-Widerstands-Thermometer . . . . . . . . . . . . . . . . 3025,5 „

International sind angenommen: pro Gramm, in Luft gewogen, bei 20° 3027,5 $cal_{15}$. Der Temperaturkoeffizient ist für Benzoesäure — 0,235, für Bernsteinsäure — 0,24 cal/Grad. Alle Zahlen für die Eichsubstanzen beziehen sich auf konstantes Volumen, d. h. die normalen Bombenbedingungen.

Bei der Eichung hat man die Summe aller cal (Verbrennungswärme von Säure + Zündfaden, Zündungswärme, Bildungswärme von Salpetersäure [siehe unten]) durch das für den Wärmeaustausch und den Kaliberfehler korrigierte $\Delta\vartheta$ zu dividieren. Bei der Verbrennung einer anderen Substanz hat man von W.-w. · $\Delta\vartheta$ obige Korrekturen abzuziehen.

## e) Hilfssubstanzen und Korrekturen

Bei schwer verbrennlichen Stoffen hat sich entgastes Paraffinöl und Vaselin als Hilfssubstanzen durch Jahre hindurch bewährt. Man saugt im Wasserbad eine Stunde lang

[1]) E. Washburn, Bur. of Stand. J. Research **10**, 525, 1933. Umrechnung auf den Zustand, daß alle Gase unter dem Druck von 1 at stehen.

einen trockenen Luftstrom durch das Paraffinöl und erhält dann eine Substanz, deren Verbrennungswärme ganz konstant bleibt, von der Größenordnung 11 000 cal/g. Man kann bei einiger Übung und Benutzung eines gut durchkalibrierten Beckmann-Thermometers die Verbrennungswärme auf 3/10 000 genau bestimmen. Pro Milligramm Baumwollfaden werden etwa 3,9 cal entwickelt. Man bewahrt den Faden gut verschlossen auf, da seine Verbrennungswärme vom Feuchtigkeitsgehalt abhängt. Vaselin hat eine etwas höhere Verbrennungswärme als Paraffinöl, die aber ebenfalls sehr genau zu bestimmen ist (Beispiel: 11 040, 11 045, 11 043, 11 050, 11 050, 11 043, im Mittel 11 045 ± 1,7 cal/g). Man verwende nur gelbes, ungebleichtes Vaselin; das farblose ist mit Chlor behandelt, bei der Verbrennung würde etwas Chlor und Salzsäure entstehen, die den V2A-Stahl angreifen.

Der käufliche Sauerstoff enthält, da er aus flüssiger Luft fraktioniert ist, stets etwas Stickstoff. Verdrängt man die Luft beim Einlassen des Sauerstoffs nicht durch mehrmaliges Ausblasen, so können an die 400 ccm Stickstoff in der Bombe vorhanden sein, die mit dem komprimierten Sauerstoff im Moment der rapiden Verbrennung, wo die Temperatur lokal bis auf den Schmelzpunkt des Platins, ja sogar bis auf den Schmelzpunkt von Korund steigen kann, merkliche Mengen (NO) bilden, die sich in der Bombe mit Sauerstoff und Wasser rasch zu $HNO_3$, aq umsetzen. Der Betrag an Salpetersäure steigt ungefähr linear mit $\Delta\vartheta$ an, wächst stark, wenn das Verbrennungsgut Stickstoff enthält. Die Bildungswärme von $HNO_3$ aq aus $(N_2)$, $(O_2)$ und Wasser ist bei konstantem Volumen + 13,81 kcal. Man pipettiert 1 ccm des abgewogenen Wassers in die Bombe, damit der Raum stets mit Wasserdampf gesättigt ist und sich bei der Verbrennung alles Wasser flüssig abscheidet und in der „sentina"[1]) eine verdünntere Salpetersäure entsteht. Die entstandene Säure titriert man mit einer 1/13,81

[1]) Da sich in dem Bombenwasser bei Kohleuntersuchung auch verstäubte Asche und anderes Unerfreuliches sammelt, habe ich es im Laboratorium gut klassisch „sentina" genannt (cf Cicero epist. ad. fam. 9, 15, 3, 2). Der kurze Ausdruck hat sich eingebürgert.

äquivalenten Sodalösung, von der 1 ccm also einer Korrektur von 1 $cal_{15}$ entspricht; als Indikator empfiehlt sich Kongorot, das gegen die in der sentina gelöste Kohlensäure unempfindlich ist (Umschlag umgekehrt wie bei Lackmus). Die Titerlösung enthält 3,833 g wasserfreie Soda im Liter.

Gelegentlich entsteht bei unvollständiger Verbrennung etwas Ruß. Man wägt alsdann das Verbrennungsschälchen nach vorsichtigem Trocknen, glüht und wägt nochmals; pro Milligramm Gewichtsverlust sind zu W.-w. · $\Delta\vartheta$ 8,16 cal, die Verbrennungswärme von 1 mg Ruß, zu addieren. Kleine Mengen Ruß machen das Resultat kaum unsicher; bei größeren Mengen ($>$ 0,5 mg) ist zu befürchten, daß sich bei der hohen Temperatur das Gleichgewicht $[CO_2] + [C] = 2\ (CO)$ nach der CO-Seite verschoben hat, wodurch eine zu niedrige Wärmetönung resultiert. CO-Bildung weist man nach, indem man die Verbrennungsgase durch eine verdünnte, mit HCl angesäuerte $PdCl_2$-Lösung streichen läßt. In flachen Verbrennungsschälchen tritt seltener Rußbildung auf als in Schälchen mit senkrechten Wänden, in Quarzschälchen leichter als in Platinschälchen. Neigt eine Substanz zu Rußbildung, so hilft mitunter Zusatz von Paraffinöl und Anwendung von niedrigerem Sauerstoffdruck.

Zu hohe Eichwerte und zu niedrige Verbrennungswärmen sind wegen CO-Bildung oder Substanzverlust verdächtig.

Untersucht man eine organische Substanz und will wirklich genaue Resultate haben, so fraktioniert man die Substanz nach einigen Verbrennungen durch Destillation oder Kristallisation (womöglich unter Wechsel des Lösungsmittels, das gut zu entfernen ist[1]) und verbrennt nochmals. Nur wenn man dann so gut wie identische Resultate erhält, ist das Resultat sicher.

Zur überschlagsmäßigen Berechnung der anzuwendenden Substanzmenge und zur ungefähren Kontrolle dient folgende Rechenregel: Pro g-Atom Sauerstoff, das zur Verbrennung

1) Man kann einmal ein Lösungsmittel mit kleinerer, einmal eines mit größerer Verbrennungswärme, als die zu untersuchende Substanz besitzt, benutzen.

notwendig ist, werden bei nicht zu sauerstoff- oder stickstoffhaltigen Stoffen 52,0 kcal entwickelt; daraus läßt sich die molare und damit die spezifische Verbrennungswärme auf wenige Prozente abschätzen.

Die Rechenregel nimmt auf den Aggregatzustand und die Konstitutionsfinessen keine Rücksicht, gilt also nur ungefähr. Sie versagt, wenn der Körper stark energiereiche Gruppen, wie CN, N = N, N = O, C ≡ C u. dgl., viel Sauerstoff oder viel Stickstoff enthält. Sie ist aus einer öfter von Physiologen benutzten Regel hervorgegangen, umgestaltet und erweitert worden. — Man kann die Verbrennungswärmen in Gruppenwerte, z. B. für $CH_2$, $C_6H_4$ usf., zerlegen. Weitere theoretische Ausführungen über die Verbrennungswärmen findet man z. B. bei W. Swietoslawski, Handbuch der allgemeinen Chemie, Band VII, Leipzig 1928.

### f) Ein typisches Beispiel

Wasserwert 2589,6 ± 1,3 cal/Grad[1]), Temperatur etwa + 20°.

0,81 250 g Substanz, unreine Benzoesäure, 5,20 mg Baumwollfaden à 3,89 cal, 9,70 ccm Sodalösung; Zündung: 3,0 Volt. 7,8 Ampere, 1,0''.

| | | | |
|---|---|---|---|
| Vorperiode | 0,1820° | | |
| | 45 | | |
| | 70 | | |
| | 90 | $Gang_1 = + 0{,}00230°$ | |
| | 0,1915 | $\vartheta_1 = 0{,}198°$ | |
| | 40 | | 2,2095° |
| | 60 | | — 0,1985° |
| | 0,1980 | | + 2,0110° |
| Zündung | korrigiert nach S. 28 0,1985° | | — 0,0080 |
| | | | + *2,0030°* |

1) Diese Zahl gilt für das bei Eichung und Versuch benutzte Beckmann-Thermometer; benutzt man ein anderes Thermometer, so ist neu zu eichen, da der Grad- und der Wasserwert des eintauchenden Stückes anders sein kann.

| Hauptperiode | $\bar\vartheta$ | $\bar\vartheta-\bar\vartheta_1$ | $k\,(\bar\vartheta-\bar\vartheta_1)$ | $G_1-k\,(\bar\vartheta-\bar\vartheta_1)$ |
|---|---|---|---|---|
| 0,490 | 0,35[a] | 0,16 | 0,00016 | 0,00214 |
| 1,530 | 1,18[a] | 0,99 | 0,00101 | 0,00129 |
| 1,830 | 1,73 | 1,54 | 0,00157 | 0,00073 |
| 1,9720 | 1,925 | 1,735 | 0,00177 | 0,00053 |
| 2,0530 | 2,025 | 1,835 | 0,00187 | 0,00043 |
| 2,1110 | 2,085 | 1,895 | 0,00193 | 0,00037 |
| 490 | 2,13 | 1,94 | 0,00198 | 0,00032 |
| 680 | 2,16 | 1,97 | 0,00201 | 0,00029 |
| 800 | 2,175 | 1,985 | 0,00202 | 0,00028 |
| 920 | 2,185 | 1,995 | 0,00204 | 0,00025 |
| 2,2000 | 2,205 | 2,005 | 0,00205 | 0,00025 |
| 60 | 2,205 | 2,015 | 0,00205 | 0,00025 |
| 70 | 2,205 | 2,015 | 0,00205 | 0,00025 |
| 85 | 2,21 | 2,02 | 0,00206 | 0,00024 |
| 2,2095 | 2,21 | 2,02 | 0,00206 | 0,00024 |
| Nachperiode | | | | |
| 2,2095 | 2,21 | 2,02 | 0,00206 | 0,00024 |
| 95 | | | Summe: | 0,00815° b) |
| 100 | | | | ∾ 0,0080° |
| 105 | | | | |
| 105 | | | | |
| 110 | | | | |
| 110 | | | | |
| 110 | | | | |
| 115 | | | | |
| 2,2015 | | | | |

Gang₂ = + 0,00024°

$\bar\vartheta_2 = 2{,}211°$

$$k = \frac{G_1 - G^2}{\bar\vartheta_2 - \bar\vartheta_1} = \frac{0{,}00206}{2{,}021} = 0{,}00102$$

$2589{,}6 \cdot 2{,}0030° = 5187{,}0$ cal

a) Bei starkem Temperaturanstieg ist nicht das arithmetische Mittel genommen, sondern die höhere Zahl zweimal eingesetzt. — b) Das Kalorimeter hat während des ganzen Versuchs Wärme von außen aufgenommen, die Korrektur für den Wärmeaustausch mit der Umgebung ist also von der unkorrigierten Temperaturerhöhung abzuziehen; der Betrag ist, auf den Ablesefehler von 0,0005° reduziert. — 0,0080°.

Korrekturen: Zündung $\frac{3{,}0 \cdot 7{,}8 \cdot 1{,}0}{4{,}184}$ = 5,6 cal

Faden $5{,}2 \cdot 3{,}89$ . . . . = 20,2 „

Salpetersäure . . . . . = 9,7 „

zusammen 35,5 cal

Also für Benzoesäure:

5187,0 — 35,5 = 5151,5 cal für 0,81250 g, pro Gramm 6340,3 cal. (Etwas zu hoch!)

für 1 Mol bei konstantem Volumen $6340{,}3 \cdot 122{,}11$ g = $774{,}2_6$ kcal.

Da bei der Reaktion:

$[C_6H_5 \cdot COOH] + 7{,}5\ (O_2) = 7\ (CO_2) + 2\ H_2O$ ein halbes Mol Gas verschwindet, ist die molare Verbrennungswärme bei konstantem Druck um $0{,}5\ R \cdot T = 1{,}987 \cdot 0{,}5 \cdot 293 = 0{,}29$ kcal größer, also + 774,5 kcal. Bildungswärme aus Graphit, Wasserstoff und Sauerstoff:

$(-)\ [C_6H_5 \cdot COOH] + 7{,}5\ (O_2) = 7\ (CO_2) + 3\ H_2O + 774{,}5\,\text{kcal}$

$(+)\ 7\ [C]_{Graph.} + 7\ (O_2) = 7\ (CO_2) + 658{,}1\ \text{kcal}$ c)

$(+)\ 3\ (H_2) + 1{,}5\ (O_2) = 3\ H_2O + 205{,}1\ \text{kcal}$ d)

$(-)\ 7\ [C]_{Graph.} + 3\ (H_2) + (O_2) = [C_6H_5 \cdot COOH] + x$

$x = 685{,}1 + 205{,}1 - 774{,}5 = \underline{+\ 88{,}7\ \text{kcal.}}$

Mit reinster Benzoesäure (Verbrennungswärme 6323 cal/g) erhält man 863,2 — 772,4 = + 90,8 kcal. Man sieht, wie empfindlich die Bildungswärme gegen Verunreinigungen ist.

g) B e s o n d e r h e i t e n b e i d e r V e r b r e n n u n g o r g a n i s c h e r S t o f f e

Bei schwerflüchtigen, öligen Flüssigkeiten kann die Zündung Schwierigkeiten machen, weil der Baumwollfaden sich vollsaugt und die Joulewärme den Faden nicht zum Brennen bringt, sondern nur Flüssigkeit aus dem Faden verdampft. In dem Fall knüpft man keinen Baumwollfaden an den Platindraht, sondern ein Streifchen Cellophan, das sich nicht vollsaugt (Verbrennungswärme etwa 3,8 cal/mg).

c) Pro g-Atom Graphit + 94,02 kcal. — d) Pro Mol Wasser + 68,35 kcal.

Wichtiger und schwieriger ist die Verbrennung von flüchtigen oder sauerstoffempfindlichen Flüssigkeiten, die man vor der Zündung „schützen" muß. Hier gibt es keine Universalmethode, sondern man muß je nach dem Grade der Flüchtigkeit verschieden arbeiten. Mit der oft empfohlenen Methode, die Flüssigkeit in eine kleine Glaskugel einzuschmelzen und diese mit Paraffinöl, Vaselin oder einer kleinen Benzoesäurepastille zu sprengen, habe ich keine guten Erfahrungen gemacht, da fast stets Rußbildung auftrat (Verspritzen von Flüssigkeitströpfchen, die auf dem kurzen Wege bis zur Bombenwand unvollständig verbrannten). Folgende Wege scheinen mir besser zu sein: Ist der Dampfdruck nicht groß, so klebt man auf den glatten

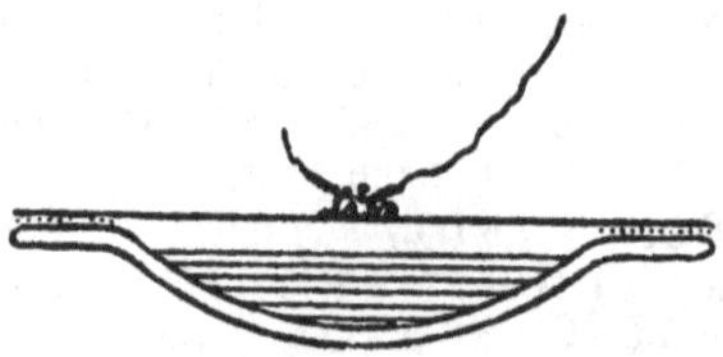

Fig. 13 a. Geschützte Verbrennung.

Rand des Verbrennungsschälchens mit etwas Vaselin ein kreisförmiges Stück nicht zu dünnen Cellophans auf, setzt in die Mitte oben ein Klümpchen Vaselin, in das man den Zündfaden eindrückt (s. Fig. 13 a).

Bei Flüssigkeiten mit stärkerem Dampfdruck kann man Gelatinekapseln verwenden, wie sie für schlecht schmeckende Medizinen benutzt werden. Man klemmt den Zündfaden zwischen den Deckel und die größere, untere Kapsel, dichtet mit wenig Vaselin und setzt, wenn nötig, einen kurzen Baumwollfaden als Docht in die Flüssigkeit (s. Fig. 13 b). Man achte darauf, daß die Kapsel senkrecht steht, was durch Platindraht oder Faden leicht zu erreichen ist. Gelatine hat wegen variablem Wasser- und Aschegehalt keine ganz konstante Verbrennungswärme und muß wie Baumwollfaden und Cellophan in einem Raum mit konstanter Feuchtigkeit aufgehoben werden; bei zu niedrigem Wassergehalt wird Gelatine spröde und unbrauchbar. Ich hebe sie in einem großen, mit 50prozentiger Schwefelsäure

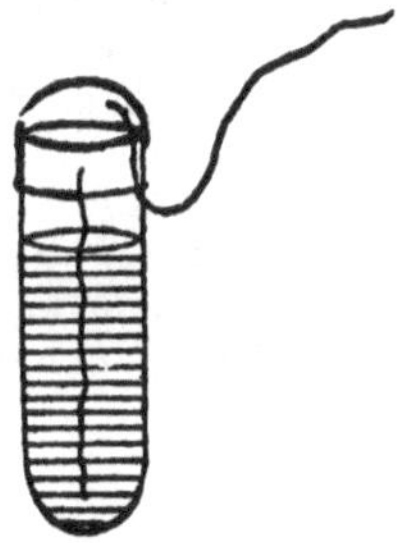

Fig. 13 b. Geschützte Verbrennung.

beschickten Exsikkator in einem Raum von konstanter Temperatur auf. Will man wegen der inkonstanten Verbrennungswärme wenig Gelatine benutzen, so kann man mit dünnen Glaszylindern von der Größe der Gelatine-

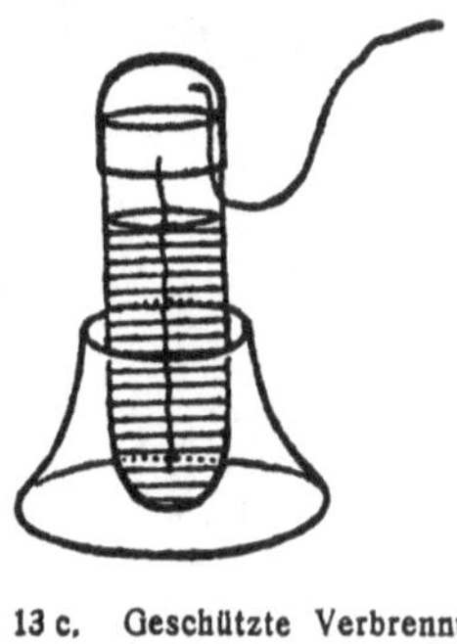

Fig. 13 c. Geschützte Verbrennung.

kapseln arbeiten, die man in ein kleines, unten weiteres Glasröhrchen setzt und mit einer kleinen Gelatinekapsel verschließt (s. Fig. 13 c). Da weder Cellophan noch

Gelatine gegen hohen Sauerstoffdruck, nur gegen Verdampfung schützt, muß man bei sauerstoffempfindlichen Substanzen einen noch komplizierteren Weg einschlagen. Die Flüssigkeit füllt man in ein Glaskügelchen mit nicht zu engem, aber kurzem Hals, den man mit ein wenig festem Paraffin verschließt. Die Kugel setzt man senkrecht in eine Spirale aus Feinsilberdraht, diese in das Quarzschälchen (ja nicht Platinschälchen!) und träufelt mit einer feinen Pipette 0,1 bis 0,2 g Paraffinöl auf die Kugel. In die sich im Schälchen sammelnde Flüssigkeit legt man den Zündfaden. So kann die Flamme auch von unten anpacken und schmilzt die Kugel zusammen (vgl. Fig. 13 d).

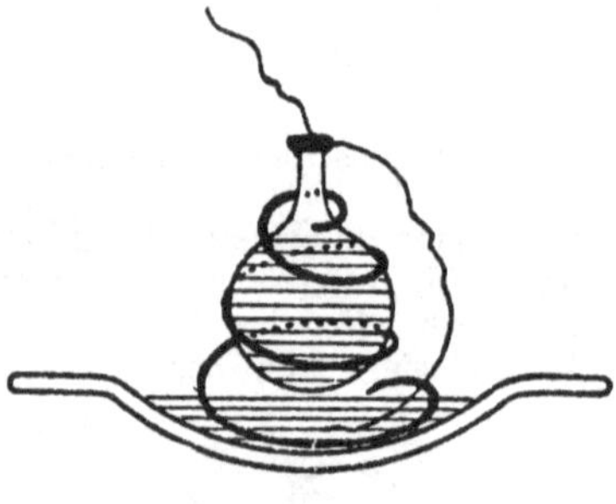

Fig. 13 d. Geschützte Verbrennung.

Mit Fehlschlägen muß man bei all diesen Methoden rechnen. Es sind viele Wägungen nötig, und man braucht mehrere Hilfssubstanzen.

Hochflüchtige Stoffe, wie Benzin, kann man als Flüssigkeiten schlecht in der Bombe verbrennen, da die Explosionen die Armaturen und die Isolation beschädigen. Will man die Verbrennungswärme des Dampfes wissen, so kann man die Flüssigkeit in einem zugeschmolzenen Glaskügelchen in die Bombe legen und sie nach dem Einleiten des Sauerstoffes durch Schütteln zerbrechen. Alsdann genügt die Zündung durch den glühenden Platindraht ohne

Zündfaden. Man darf nur so viel Substanz einwägen, daß sicher alles verdampft, und kein Wasser einpipettieren. Nach dieser einfachen Methode haben wir mit Isopentan dieselben Werte gefunden wie J. W. Knowlton und F. D. Rossini im Bureau of Standards mit einem komplizierten Dampfkalorimeter und analytischer Bestimmung der verbrannten Menge[1]).

### h) Schwefelhaltige Stoffe[2])

Man verdrängt die Luft nicht, so daß sich Stickoxyde und Salpetersäure bilden, die wie in der Bleikammer dafür sorgen, daß sich alles primär Entstehende ($SO_2$) zu Schwefelsäure oxydiert. Bei schwefelreichen Stoffen setzt man etwas Paraffinöl zu und pipettiert mehr Wasser in die Bombe. Ein Gemisch von Schwefel- und Salpetersäure entsteht, und zwar in zwei Konzentrationen: konzentriert an der Wand aus dem bei der Verbrennung gebildeten Wasser, verdünnter in der sentina. Bei genauem Arbeiten analysiert man sentina und Wandschwefelsäure getrennt (Titration der Gesamtsäure, Bestimmung der Schwefelsäure gravimetrisch). Man pipettiert die sentina heraus und spült dann erst die Wand ab. Da die Verdünnungswärme der Schwefelsäure sehr groß ist (die der Salpetersäure kann vernachlässigt werden), muß man auf eine bestimmte Endkonzentration umrechnen und diese angeben, sonst hat die Zahl keinen Wert. Angaben über die Verdünnungswärme von Schwefelsäure findet man im Landolt-Börnstein. Die bei der Verbrennung entstehende Menge Wasser für die Berechnung der Konzentration der Wandsäure kann man leicht finden; als Formel des Paraffinöls setzt man $CH_2$, als die des Fadens $CH_2O$ ein.

### i) Halogenhaltige Substanzen

Fluoride wird man selten untersuchen. Es bildet sich nur mehr oder weniger verdünnte Flußsäure. Man arbeitet

---

1) Roth und H. Pahlke, Angew. Ch. **49**, 618; 1936 (843.45 ± 0,36 kcal bei konst. Druck und 20° C). — J. W. Knowlton u. F. D. Rossini, Bur. Stand. J. Res. **22**, 415; 1939 (843,6 ± 0,15 kcal bei 25° C). —
2) Vgl. G. Becker und Roth, Z. f. physik. Ch. A. **169**, 287; 1934.

wie sonst, eventuell mit Paraffinölzusatz, nur muß man zur Isolierung der einen Armatur Quarz oder Silikat vermeiden, vielmehr mit einem Gipsblättchen isolieren. Die Verdünnungswärme der Flußsäure ist zu vernachlässigen.

Am einfachsten lassen sich Jodide verbrennen. Wenn man Salpetersäurebildung vermeidet, scheidet sich praktisch alles Jod in fester Form ab; die geringe Menge, die als Dampf oder in der sentina gelöst vorhanden ist, braucht nicht berücksichtigt zu werden. Man spüle die Bombe also sorgfältig mit Sauerstoff aus. Ist Salpetersäure entstanden, so können sich kleine Mengen Jodsäure bilden, die man wie folgt bestimmt: Bombe und Deckel spült man mit Wasser aus, filtriert vom Jod ab und füllt auf 100 ccm auf. Je 50 ccm titriert man mit Thiosulfat, dann die eine Hälfte mit Lauge, um die Gesamtsäure zu erhalten. In die andere Portion gibt man ein wenig Jodkali und verdünnte Salzsäure und titriert das nach $HJO_3 + 5\ HJ = 6\ J + 3\ H_2O$ ausgeschiedene Jod mit verdünnter Thiosulfatlösung. Pro Millimol $HJO_3$ werden 20,8 cal abgezogen, die Bildungswärme von $HJO_3$, aq aus Jod, Sauerstoff und Wasser. Will man das Jod bestimmen, so muß man den Sauerstoff langsam ablassen und die Gase durch ein mit KJ-Lösung beschicktes Dreikugelrohr streichen lassen.

Am schwierigsten ist die Untersuchung von Chloriden, weil sich freies Chlor neben Salzsäure bildet. Das Chlor muß in der Bombe zu Salzsäure reduziert werden, wozu Berthelot und alle folgenden Forscher eine Lösung von $As_2O_3$ verwandten. Da dabei ein thermisch undurchsichtiges Gemisch von Salzsäure, Arsensäure und arseniger Säure (neben etwas Salpetersäure) entsteht, ziehe ich die Reduktion mit einer Lösung von $N_2H_4 \cdot 2\ HCl$ vor, die sich zwar während der Dauer eines Versuchs zu etwa 1 % zersetzt, aber nur HCl, aq liefert ($N_2H_4 \cdot 2\ HCl$, aq $+ 2\ (Cl_2) = (N_2) + 6\ HCl$, aq). Man titriert das noch vorhandene Hydrazin mit Jodlösung. Für 4 Chlor werden bei konstantem Volumen 153,4 kcal entwickelt[1]). Die Zersetzung von

[1]) Roth, Z. f. Elektroch. 50, 111; 1944.

1 bis 1,2 % der Lösung durch den Bombensauerstoff bringt pro Mol Hydrazoniumsalz eine Korrektur von — 131,2 kcal; das macht beim Einpipettieren von 10 ccm einer 0,1 molaren Lösung nur etwa 1,5 cal aus! Man verdränge die Luft sorgfältig durch mehrmaliges Ausspülen der Bombe mit Sauerstoff, um die Bildung von NOCl und dergleichen zu verhindern; alsdann wird auch das Platin der Bombe weniger angegriffen. Bei der Verbrennung von schwefel- und halogenhaltigen Stoffen muß man die Hauptperiode länger nehmen als sonst. Bei Chloriden besteht die Schwierigkeit, daß die zu reduzierenden Gase nach oben steigen, die reduzierende Lösung sich unten in der Bombe befindet. Smith (Lund) kleidet die Bombenwand mit einem Geflecht aus Quarzwolle aus, um die Berührungsfläche zu vergrößern, und tränkt die Wolle mit der Lösung; ein anderer Vorschlag besteht darin, daß man die Bombe bald nach der Zündung im Kalorimeter rotiert, wozu aber ein größeres, besonders konstruiertes Kalorimeter von elliptischem Querschnitt gebraucht wird. Beide Methoden geben die gleichen Resultate, aber das Rotieren arbeitet schneller, und man vermeidet stärkeren Angriff des Platins und des Goldlotes und damit unbequeme Analysen und Korrekturen.

Bromide geben bei Abwesenheit von Salpetersäure nur Brom als Dampf, gelöst und flüssig. Rotiert man nicht, so muß man für Verdampfungs- und Lösungswärme korrigieren und nimmt merklichen Angriff des Platins in Kauf. All das fällt fort, wenn man sehr bald nach der Zündung rotiert. Pro Milliatom Brom werden bei der Reduktion durch Hydrazindichloridlösung bei konstantem Volumen 26,65 cal frei. — Die Untersuchung von halogenhaltigen Stoffen läßt sich, wie leicht verständlich ist, nicht mit der gleichen Genauigkeit durchführen wie die von Stoffen, welche nur C, O, H, N enthalten.

j) Die Bombe bei der Untersuchung anorganischer Reaktionen

Die Bombe kann nicht nur zu Oxydationen dienen, man hat Metalle und [$CaC_2$] darin azotiert, neuerdings auch

Sulfide darin unter Messung der Bildungswärme hergestellt. Bei Oxyden machen diejenigen Metalle Schwierigkeiten, die in verschiedenen Valenzstufen auftreten (Mn, Re, V auch Fe). Das zuerst entstehende Oxyd schmilzt und schließt Metall ein, das in der Hitze unter Bildung niederer Oxyde weiterreagiert oder auch (wie bei Al) unverändert bleiben kann. Es sind also genaue Analysen notwendig, die schwierig sein können[1]). Entsteht nur ein Oxyd, so muß die Umsatzquote bestimmt werden aus der Gewichtszunahme oder durch Messen des beim Auflösen frei werdenden Wasserstoffes. Ersterer Weg gibt leicht zu große Resultate, wenn sich fein verteiltes Oxyd (wie beim Zink) der Wägung entzieht; der zweite Weg kann etwas zu niedrige Resultate geben, wenn das harte Oxyd trotz Zerkleinerung etwas Metall einschließt, wie bei Al. Sehr häufig ist bei Metallen wegen einer feinen Oxydhaut der elementare Stoff ohne Initialzündung (mit Paraffinöl) nicht zur Reaktion zu bringen. Ist das Element sehr unedel, wie B oder Be, so kann trotz des Sauerstoffdruckes unvollständige Verbrennung des Paraffinöls eintreten. Bei der Oxydation von Bor bilden sich Spuren von Diboran! Muß man wegen solcher Nebenreaktionen das Verbrennungsgut vom Paraffinöl trennen, so arbeitet man nach der „Pythia-Methode"[1]). Ein kleiner Dreifuß aus Platin steht im Verbrennungsschälchen, das das Paraffinöl aufnimmt. Auf den niedrigen Dreifuß kommt das Schälchen mit dem Verbrennungsgut. Die richtige Höhe des Dreifußes muß man ausprobieren.

Mißt man Azotierungswärme, d. h. füllt man die Bombe mit komprimiertem, vollkommen sauerstofffreiem Stickstoff, so muß man das Azotierungsgut elektrisch auf sehr hohe Temperaturen erhitzen[2])[3]), damit die Reaktion in Gang

---

[1]) H. Ulich und H. Siemonsen. Arch. Eisenhüttenw. **14**, 28; 1940. — H. Siemonsen und H. Ulich, Z. Elektroch. **46**, 141; 1940.

[1]) Roth und E. Börger, Ber. D. chem. Ges. **70**, 98; 1937.

[2]) H. H. Franck und F. Hochwald, Z. f. Elektroch. **31**, 386; 1925.

[3]) B. Neumann. C. Kröger und H. Haebler, Z. f. anorg. Ch. **196**, 65; 1931.

kommt. Die Heizwärme muß sehr genau bestimmt werden. Eine Heizspirale aus Platin hat den Nachteil, daß der Widerstand mit steigender Temperatur stark ansteigt, also e und i inkonstant sind. Um die Reaktion bei nicht zu hoher Temperatur, also mit geringerer Heizenergie, in Gang zu bringen, kann man unter Umständen einen Katalysator zusetzen[1]). Beim Sulfurieren füllt man die ganz von Luft befreite Bombe mit Wasserstoff und korrigiert für den als Nebenprodukt entstehenden Schwefelwasserstoff. Beim Arbeiten mit Schwefel stört die Polymorphie, es verdampft Schwefel und scheidet sich nicht wieder in rhombischer Form an der Bombenwand ab!

k) Heiz- und Treibmittel

Zur Untersuchung von Gasen benutzt man, wenn nicht mehr als etwa 0,5 % Genauigkeit erforderlich ist, das Junkerssche Kalorimeter. Das Gas verbrennt in einer Art Bunsenbrenner; die zuströmende Gasmenge wird mit einer geeichten Gasuhr gemessen: die Wärme wird von einem Wasserstrom, der das Kalorimeter umspült, aufgenommen. Die Temperatur wird an der Ein- und Austrittsstelle gemessen, die verbrennende Gas- und die durchströmende Wassermenge erst bestimmt, wenn ein stationärer Zustand eingetreten ist, d. h. die Temperaturdifferenz an den beiden Meßstellen konstant ist. Das sich kondensierende Wasser wird für sich bestimmt. Die präzise Bestimmung der Verbrennungswärme von Gasen ist so schwierig, daß sie hier nicht berücksichtigt werden kann. Mit einer gewöhnlichen kalorimetrischen Bombe kommt man selten durch.

Bei Heiz- und Treibmitteln unterscheidet man den „oberen" und den „unteren" Heizwert. Die Bombe gibt den oberen, denn aller Wasserstoff verbrennt zu flüssigem Wasser, aller Schwefel zu verdünnter Schwefelsäure, während auf dem Rost aller Wasserstoff zu Wasserdampf verbrennt, die Grubenfeuchtigkeit verdampft werden muß

---

1) Ebenda 204, 84: 1932.

und der Schwefel nur zu $(SO_2)$ verbrennt. Pro Gramm Wasser, das bei etwa 20° verdampft, müssen 585 cal aufgewendet werden; ein entsprechender Betrag ist also von dem in der Bombe erhaltenen Resultat abzuziehen. Da $[S] + (O_2) = (SO_2) + 70{,}9$ kcal gibt, aber $[S] + 1{,}5\,(O_2) + H_2O + aq = H_2SO_4,\,aq + 145{,}8$ kcal entspricht, sind pro Milligramm Schwefel $\frac{145{,}8 - 70{,}9}{32{,}06} = 2{,}336$ cal abzuziehen.

Beispiel: Eine Braunkohle mit 14,41 % Grubenfeuchtigkeit, 5,82 % Asche und 5,0 % chemisch gebundenem Wasserstoff und 2,8 % Schwefel gab in der Bombe 5621 cal pro Gramm brutto. Also pro Gramm Reinkohle, d. h. nach Abzug von Asche und Feuchtigkeit $5{,}621/(1 - 0{,}1441 - 0{,}0582) = 7047$ cal pro Gramm. Um den unteren Heizwert zu errechnen, muß man von 5621 cal wegen des Schwefelgehalts $0{,}028 \cdot 2336 = 65$ cal abziehen, wegen der Verdampfung des Wassers $(0{,}1441 + 0{,}050 \cdot 9) \cdot 585 = 348$ cal. Der untere Heizwert ist also $5621 - 413 = 5208$ cal/g.

## 13. Bildungswärmen

Bei Oxyden, Sulfiden, Nitriden, Chloriden und Bromiden[1]) kann man oft direkt arbeiten (s. die vorhergehenden Abschnitte). Meist kann man die direkt erhaltenen Resultate auf indirektem Wege kontrollieren. Man löst Metall und Verbindung in einer passenden Säure (s. FeO und $Fe_3O_4$ auf S. 68). Nitride kann man in der Bombe oxydieren oder in Salzsäure zu Chlorid und $NH_4Cl$ lösen. Bei Halogenverbindungen kann man so vorgehen, daß man einmal die Verbindung, ein zweites Mal Metall und Halogen in einem geeigneten Lösungsmittel, wie $KBr_3$-, KCN-, $KJ_3$-Lösung, auflöst. Weitere direkte und indirekte Methoden sollen in dem Abschnitt Hochtemperaturkalorimetrie beschrieben werden. Auf diesem Gebiet sind in den letzten

---

1) A. Bertram und Roth, Z. f. physik. Ch. A. 178, 227; 1937; siehe ferner Roth, E. Börger und H. Siemonsen, Z. f. anorg. Ch. 239, 321, 1938.

Jahren mit neuen, zum Teil kühnen Methoden große Fortschritte zu verzeichnen. Häufig muß man einen großen Umweg machen. Dafür ein typisches Beispiel: Die Bildungswärme von Alkalihalogeniden ist nur einmal (1848 durch Andrews bei [KCl]) direkt bestimmt worden. Meist wird man die Lösungswärme von [K] in Wasser, die Neutralisationswärme und die Lösungswärme des Salzes bestimmen.

$$[K] + H_2O + aq = KOH, aq + 0{,}5\,(H_2) + A \quad +$$
$$KOH, aq + HCl, aq = KCl, aq + H_2O + B \quad +$$
$$0{,}5\,(H_2) + 0{,}5\,(Cl_2) + aq = HCl, aq + C \quad +$$
$$[KCl] + aq = KCl, aq + D \quad -$$
$$[K] + 0{,}5\,(Cl_2) = [KCl] + x \quad -$$

$x = A+B+C - D$. Bis auf A sind alle Reaktionswärmen leicht zu messen oder gut bekannt.

Um die Bildungswärme von $(NH_3)$ zu bestimmen, ist die Verbrennungswärme in der Bombe nicht geeignet. Haber und Mitarbeiter zersetzten $(NH_3)$ an einem hocherhitzten Katalysator in einem Kalorimeter von Raumtemperatur zu Stickstoff und Wasserstoff. Becker und Roth[1]) fanden auf Umwegen (Oxydation von Ammonoxalat und Oxalsäure in der Bombe, Lösungswärme beider Stoffe, Neutralisationswärme von Oxalsäurelösung mit $(NH_3)$) fast den gleichen Wert.

Die für die Bombenkalorimetrie wichtige Bildungswärme von verdünnter Salpetersäure maßen Berthelot und Thomsen auf komplizierten, zum Teil kühnen Umwegen. Becker und Roth zersetzten $[NH_4NO_3]$ in der Bombe zu Stickstoff und Wasser und gingen sonst genau wie bei der Bildungswärme von Ammoniak vor[1]).

Mixter hat fast das ganze periodische System mit seiner Natriumsuperoxydmethode durchgemessen, indem er die Elemente und die Verbindung mit Natriumsuperoxyd oxydierte oder niederschmolz. Aber die Methode hat ihre Schwächen

[1]) G. Becker und Roth. Z. f. Elektroch. **40**, 836; 1934.

und ist mehrfach kritisiert worden[1]). Ferner war die stets benutzte Grundumsetzung $[Na_2O_2] = [Na_2O] + 0{,}5\ [O_2]$ zu seiner Zeit thermisch nur sehr oberflächlich untersucht worden.

Man sieht aus obigem: für die Bestimmung der Bildungswärme gibt es keine Universalmethode.

Eine kritische Zusammenstellung von Bildungswärmen von Oxyden, Chloriden und deren Lösungen findet man bei Roth und Becker[2]). Dort ist der Versuch gemacht, die Abhängigkeit der Bildungswärmen vergleichbarer Verbindungen von der Ordnungszahl der Elemente festzustellen. Es ergaben sich verschiedene, aber sehr regelmäßige Kurven, die nur unterbrochen werden, wenn z. B. die Atomradien von aufeinanderfolgenden Elementen der gleichen Gruppe so ähnlich sind wie bei Zirkon und Hafnium, wo die chemischen Eigenschaften bekanntlich so wenig verschieden sind, daß beide Elemente stets zusammen auftreten, das seltenere Hafnium vom Zirkon „getarnt" wird (siehe Figur 14). Im allgemeinen verlaufen die Kurven so regelmäßig, daß es möglich ist, eine unbekannte Bildungswärme zu inter- oder sogar zu extrapolieren und Literaturwerte zu kritisieren. So lagen für $ZrO_2$, $TiO_2$, $ThO_2$ Werte vor, die nach der Kurve höchst unwahrscheinlich waren (in Figur 14 mit * bezeichnet) und durch gut in die Kurve fallende ersetzt werden konnten. Für $In_2O_3$ und $Nb_2O_5$ konnten die Voraussagen bestätigt werden. Auch in den Horizontalreihen hilft das periodische System, Literaturwerte auf ihre Richtigkeit zu prüfen, falls die benachbarten Elemente ähnlich und die betreffenden Verbindungen analog sind, z. B. bei Mn, Fe, Co, Ni.

## 14. Schmelz- und Umwandlungswärmen. Verdampfungswärme

Der gewöhnlich eingeschlagene Weg, Schmelz- oder Umwandlungswärmen zu bestimmen, ist der, daß man den Wärmeinhalt des Stoffes zwischen Kalorimetertemperatur

---

[1]) Ruff und Grieger, Z. f. anorg. allg. Ch. 211, 195; 1935. — Zeumer und Roth, ebenda 224, 257; 1935.

[2]) Roth und G. Becker, Z. f. physik. Ch. A. 159, 1; 1932.

und Temperaturen dicht unter- und dicht oberhalb des Schmelz- bzw. Umwandlungspunktes bestimmt. Denn in die Rechnung gehen drei Größen ein: spezifische Wärme des Flüssigen, Erstarrungswärme, spezifische Wärme des

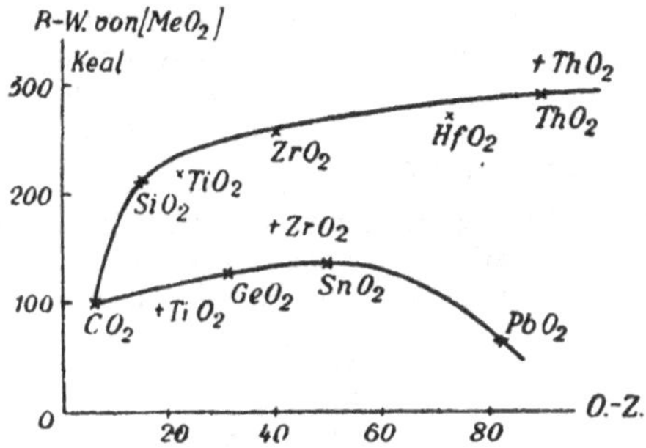


Fig. 14. Bildungswärmen und Ordnungszahl.

Festen. Je näher man an den Schmelz- oder Umwandlungspunkt herankommt, desto sicherer sind die Werte, vorausgesetzt, daß die Substanz ganz rein ist und nicht infolge von Gefrierpunktserniedrigung „Vorschmelzen" zeigt. Die Schmelz- oder Umwandlungswärme wird graphisch oder arithmetisch aus den beiden Kurvenstücken extrapoliert.

Liegt der Schmelzpunkt in der Nähe der Raumtemperatur und läßt sich die Schmelze unterkühlen, so mißt man genauer und bequemer die Erstarrungs- oder Kristallisationswärme, die man mit dem Kirchhoffschen Satz, falls man die spezifischen Wärmen von fest und flüssig in der Nähe des Schmelzpunktes kennt, auf die Schmelzwärme umrechnen kann. Ähnliches gilt für die (meist kleineren) Umwandlungswärmen. Schmelz- und Umwandlungswärmen lassen sich auch aus der Verschiebung der betreffenden Temperaturen mit dem Druck und der Volumdifferenz nach Clausius-Clapeyron (vgl. S. 53) ableiten, ungenauer aus Gefrierpunktserniedrigungen[1]). Man kann unter Umständen die Größe der Schmelzwärme aus dem Gang der Abkühlungskurve, der Dauer der Haltezeit ableiten, wenn man die Apparatur mit Substanzen von ähnlichem Schmelzpunkt und bekannter Schmelzwärme eicht[2]). Sind beide Modifikationen, deren Umwandlungswärme man bestimmen will, bei Raumtemperatur haltbar oder wenigstens beschränkt haltbar, wie monokliner Schwefel oder Aragonit, so bestimmt man einfach die Lösungswärme in einem geeigneten Lösungsmittel ($CS_2$ bzw. Salzsäure).

Um die Verdampfungswärme beim Kochpunkt zu messen, kann man so vorgehen, daß man ein Kölbchen mit Flüssigkeit, das von Dampf vom Siedepunkt umgeben ist, elek-

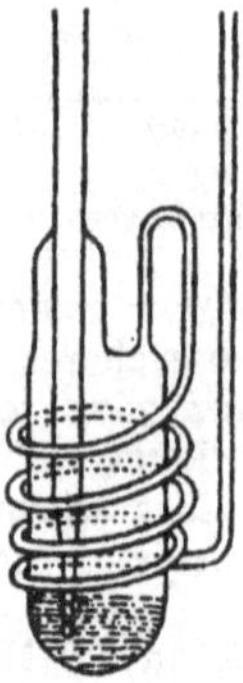

Fig. 15. Apparat zur Bestimmung der Verdampfungswärme.

trisch beheizt und die durch eine bestimmte Energiezufuhr verdampfte Menge durch Differenzwägung oder durch Wägung des Kondensates bestimmt. Will man die Verdampfungswärme bei Zimmertemperatur messen, so füllt man etwas Flüssigkeit in ein Gefäß von der in Fig. 15

1) Vgl. hierzu die kritische Studie von Roth, Ingr. Meyer und H. Zeumer, Z. f. anorg. Ch. **214**, 309; 1933, und **216**, 303; 1934 (Ga. In, Tl).

2) F. D. Rossini, Bur. Stand. J. Res. **11**, 553; 1933.

dargestellten Form ein, wägt genau, versenkt es in das Kalorimeter und drückt während der Hauptperiode einen Strom eines indifferenten Gases hindurch, verschließt während der Nachperiode und wägt nachher zurück; unter Umständen kann man das Verdampfte auch durch Ab- oder Adsorption bestimmen. Die Methode ist nur bei mittelgroßen Dampfdrucken anwendbar. Der Gasstrom darf nicht zu schnell sein. Greift der Dampf Gummi und Metall nicht an, so kann man die Glaskapillare durch eine mit Schlauch aufgesetzte Kupferspirale ersetzen und ist dann noch sicherer, daß der Dampf das Gefäß mit der Temperatur des Kalorimeters verläßt. Man kontrolliere die Verdampfungswärme nach dem Satz von Clausius-Clapeyron (vgl. S. 53). Die Verdampfungswärme beim normalen Kochpunkt (760 mm) kann man fast stets nach Trouton kontrollieren (vgl. S. 49), außer wenn der Kochpunkt sehr tief liegt oder Flüssigkeit und Dampf assoziiert sind. Ist das nicht der Fall, so ist die molare Verdampfungswärme etwa = $21 \cdot T_{760}$ cal.

## 15. Lösungs- und Verdünnungswärmen

Diese Größen sind oft zur Berechnung von Bildungswärmen notwendig, daneben sind sie für die Theorie der Lösungen von ausschlaggebender Bedeutung. In der klassischen Zeit der Thermochemie sind sie oftmals zu summarisch behandelt worden. Man bestimmte die Lösungswärme bei einer Temperatur für eine „verdünnte" Lösung und setzte diesen Wert für alle Versuche ein, auch wenn Temperatur und Konzentration anders waren oder wenn gemischte Lösungen vorlagen. Das ist nach der Ionisationstheorie nicht zulässig. Dafür ein besonders gut untersuchtes Beispiel: Schwefelsäure. Hier wird die Lösungswärme selbst bei 20 000 Molen Wasser auf 1 Mol Schwefelsäure, also in einer $^1/_{400}$ mol.-normalen Lösung noch nicht konstant. Der Temperaturkoeffizient der Verdünnungswärmen verdünnter Lösungen ist 0,02 bis 0,03 kcal pro Mol und Grad. Auch von den „Lösungsgenossen" ist die Lösungs- und Verdünnungswärme in den meisten Fällen abhängig. Als Thomsen die Oxydation von $SO_2$-Lösungen zu Schwefelsäure mit Chlor vornahm, erhielt er falsche Zahlen, weil die dabei entstehende Salzsäure die Verdünnungswärme verändert. Als die Oxydation mit $H_2O_2$, aq durchgeführt wurde, resultierten richtige Werte, da nachgewiesen wurde, daß die Verdünnungswärme mit Wasser und mit verdünnten $H_2O_2$-Lösungen die gleiche ist. Kleine Mengen Salpetersäure ändern die Verdünnungswärme von Schwefelsäure ebenfalls nicht, was bei der Bestimmung der Verbrennungswärme schwefelhaltiger Substanzen von Wichtigkeit ist.

### a) Technik der Messungen

Gase lösen sich unter Wärmeentwicklung. Man wird meist die in Lösung gegangene Menge hinterher analytisch bestimmen. Leicht lösliche Gase leitet man mit einer Kapillare oder einem Rohr mit Glasfritte ein, die oben einen Dreiweghahn tragen, durch den man zum Schluß ein wenig Luft einbläst, um Zurücksteigen zu verhüten. Bei wenig löslichen Gasen mache man den schädlichen Raum zwischen Flüssigkeitsoberfläche und Verschluß möglichst klein. Bei sehr schwer löslichen Gasen (He, $H_2$, $N_2$, CO, $O_2$) muß man die Lösungswärme aus dem Temperaturgang der Löslichkeit (des Bunsenschen Absorptionskoeffizienten) ableiten.

Will man sehr konzentrierte Lösungen herstellen, so wird man unter Umständen das verflüssigte Gas in einem geschlossenen Kalorimeter lösen und für die Verdampfungswärme korrigieren.

Feste Stoffe pulvert man fein, namentlich wenn sie schwer löslich sind. Ist dagegen der Stoff (meist mit starker Wärmetönung) sehr leicht löslich, so setzt man in das Kalorimeter ein dünnes, tief versenktes Reagensglas mit Glasrührer ein, in dem man löst, und mißt nach Schluß der Nachperiode gleich die Verdünnungswärme, indem man das Glas durchstößt.

Bei Wärmebindung arbeitet man kompensatorisch und richtet die Zugabe so ein, daß die Joule-Wärme und die negative Lösungswärme sich ungefähr die Waage halten. Ohne Kompensation erhält man falsche Zahlen, um so falscher, je größer die Wärmebindung ist. Ist das Salz fast unlöslich (AgCl, $BaSO_4$), so mißt man die Fällungswärme in mehreren kleinen Konzentrationen und extrapoliert auf unendliche Verdünnung (Ag' + Cl' = [AgCl]). Ist die letzte „differentiale" Lösungswärme (s. u.) gefragt, so mißt man, falls sich übersättigte Lösungen herstellen lassen, die Kristallisationswärme nach Eintragen von Kristallkeimen; vgl. hierzu die zahlreichen Arbeiten von J. Perreu in den Pariser Comptes rendus der letzten Jahre.

Stets ist bei Lösungswärmen die Temperatur und namentlich die Endkonzentration anzugeben, da die Abhängigkeit von der Konzentration überraschend groß sein kann (Verdünnungswärme!); es kann sogar ein Vorzeichenwechsel auftreten (vgl. S. 99).

b) Theoretisches

Die Lösungswärme ist eine sehr komplexe Größe. Bei festen Stoffen spielt die Gitterenergie, die Hydratationswärme der Ionen und die Arbeit gegen die interionischen Kräfte mit, von denen die beiden letzteren entgegengesetztes Vorzeichen besitzen, so daß Minima oder Maxima auftreten können. Bei Gasen spielt echte Lösungs- und Hydratationswärme (beide mit positivem Vorzeichen), ferner die nach Vorzeichen unbestimmte Ionisationswärme eine Rolle; Beispiele: ($NH_3$), ($CO_2$), ($SO_2$); doch ist es nicht bei allen schwachen Säuren oder Basen gelungen, die einzelnen Größen scharf zu trennen.

Die früher gemachte Annahme, daß im Schoße von Lösungen wohldefinierte Hydrate existieren, ist längst aufgegeben; nur wenn man Lösungswärmen von verschiedenen Hydratstufen untersucht, spielen Hydratationswärme des Festen eine Rolle. Da diese oftmals groß sind, muß man bei der Bestimmung der Lösungswärme eines kristallwasserhaltigen Salzes sehr scharf auf die richtige Zusammensetzung achten.

Bei Kristallen hängt die Lösungswärme theoretisch auch von der Größe der Kristalloberflächen ab, doch muß man außerordentlich feine Verteilungen anwenden, bis der Einfluß von Oberfläche × Oberflächenspannung die Grenze der Versuchsfehler erreicht. Will man bei äußerst feiner Verteilung aus der Differenz der Lösungswärmen die Oberflächenenergie ableiten, so ist äußerste Präzision der thermochemischen Messung und a b s o l u t e Trockenheit des Präparates notwendig, ferner genaueste Kenntnis der Teilchengröße (mit Hilfe des Elektronenmikroskops zu bestimmen).

Man unterscheidet „integrale" und „differentiale" Lösungswärme (L und $\Lambda$). Im ersteren Falle geht man vom reinen Lösungsmittel, in letzterem von einer Lösung aus. Man unterscheidet ferner die „erste" integrale Lösungswärme $L_0$, wenn eine unendlich verdünnte Lösung entsteht (nur durch Extrapolation der Lösungs- oder Fällungswärmen zu erhalten) und die gesamte $L_S$, wenn eine gesättigte Lösung entsteht. Zwischen $L_0$ und $L_S$ liegen die Werte der üblichen Lösungwärmen ($L_m$, $L_N$ oder $L_C$, je nachdem, wie man die Konzentrationen angibt).

Die differentialen Lösungswärmen $\Lambda_N$ oder $\Lambda_C$ sind theoretisch interessant, am meisten $\Lambda_S$, die „letzte" oder „fiktive" differentiale Lösungswärme, bei der theoretisch eine gesättigte Lösung das Lösungsmittel ist. Von ihrer Größe und ihrem Vorzeichen hängt der Temperaturgang der Löslichkeit ab, nicht von $\Lambda_C$.

Steigt die Löslichkeit mit steigender Temperatur, so muß die letzte Lösungswärme negativ sein und umgekehrt. Ist $dc/dT = 0$, so muß auch die Lösungswärme Null sein (vgl. Reaktionsisochore S. 57). Dafür ist das bestuntersuchte Beispiel der Gips[1]) [$CaSO_4 \cdot 2\,H_2O$]. Lösungswärme in 450 Molen Wasser, wo sich die Unterschiede zwischen den verschiedenen Arten Lösungswärmen schon verwischen:

[1]) E. L a n g e und F. D ü r r, Z. f. physik. Ch. **118**, 129; 1925.

| Bei | 22,5° — 0,569 | 27,8° — 0,333 |
|---|---|---|
| | dC/dT ist positiv | schwächer positiv |
| | 33,4° Null | 37,6° + 0,243 kcal |
| | dC/dT ist Null | negativ |

## 15 a. Verdünnungswärmen

Hier sei in erster Linie auf die Präzisionsarbeiten von E. Lange (Erlangen) und seinen Mitarbeitern (Zeitschrift für phys. Chemie und Journ. of the Amer. chem. Soc.) hingewiesen. Lange maß differential und kompensatorisch bis zu fast unendlicher Verdünnung durch Einbau von vielen kurzen Thermoelementen in die Scheidewand zwischen zwei genau gleichen Zwillingskalorimetern. Für die Theorie der Lösungen, namentlich von Elektrolyten, sind diese Arbeiten von größter Bedeutung geworden. Die kalorimetrische Messung scheint der thermodynamischen Berechnung nach Gibbs-Helmholtz aus E und dE/dT von Konzentrationsketten überlegen zu sein.

Es kommt darauf an, daß die beiden zu mischenden Flüssigkeiten möglichst gleiche Temperatur haben, was am besten durch in das Kalorimeter versenkte Metallgefäße mit Ventil erreicht wird.

Bei Nichtelektrolyten pflegen die Verdünnungswärmen in verdünnten Lösungen sehr klein zu sein und eher zu Null zu konvergieren als bei Elektrolyten. Man unterscheidet „integrale" und „intermediäre" Verdünnungswärmen: bei der integralen Verdünnung ist das Endprodukt eine unendlich verdünnte Lösung ($V^{\circ}_{C}$ = molare Verdünnungswärme von der Ausgangskonzentration C zur Konzentration C = 0). $V^{\circ}_{C}$ erhält man durch Extrapolation der intermediären Verdünnungswärmen $V_{C_2}^{C_1}$ indem man von immer verdünnteren Lösungen ausgeht und immer stärker verdünnt. Setzt man zu einer großen Menge Lösung von der Konzentration C nur so viel Lösungsmittel, daß die Konzentration praktisch unverändert bleibt, und rechnet auf ein Mol Lösungsmittel um, so spricht man von $\Phi_C \cdot L_O$ =

$L_C + V_C$; $\Lambda_C = L_C - C \cdot dVC/dC$. Weitere Formeln und Zusammenhänge findet man in thermodynamischen Lehrbüchern.

$$L_O = L_C + V_C;\ \Lambda_C = L_C - c \cdot dV_C/dC.$$

## 16. Neutralisations- und Ionisationswärmen

Die Dissoziationstheorie erklärt den Zusammenhang zwischen beiden Größen. Neutralisiert man eine starke Base mit einer starken Säure in unendlich verdünnter Lösung, so mißt man nur die Wärmetönung der Reaktion $H^{\cdot} + OH' = H_2O$, erhält also stets die gleiche (von der Temperatur abhängige) Wärmetönung; bei 20° C + 13,64 kcal. Ist Base oder Säure schwach, so mißt man die negative Ionisationswärme des Wassers minus der Ionisationswärme des (oder der) schwachen Elektrolyten, die positives oder negatives Vorzeichen besitzen kann; daher können die Neutralisationswärmen in weiten Grenzen schwanken: NaOH, aq + HF, aq = NaF, aq + $H_2O$ + 16,8 kcal; NaOH, aq + HCN, aq = NaCN, aq + $H_2O$ + 2,8 kcal; $NH_4OH$, aq + HCN, aq = $NH_4CN$, aq + $H_2O$ + 1,3 kcal: alle Daten beziehen sich auf 20° C. Der Temperaturkoeffizient der Ionisationswärme des Wassers ist etwa — 0,057 kcal. Es ist klar, daß die Neutralisationswärme stark konzentrationsabhängig ist (Verdünnungswärmen der Lösungen von Base, Säure und Salz!).

Die Ionisationswärme von Wasserstoff setzt man gleich Null und kann somit aus der Bildungswärme von ganz verdünnten Säurelösungen die Ionisationswärme des Anions ableiten, aus weiteren Bildungs- und Lösungswärmen bei unendlicher Verdünnung jede beliebige Ionisationswärme.

Beispiel: Bei 22,5° ist die Bildungswärme von HCl, aq, also die Ionisationswärme von Chlor, + 39,72 kcal. Bei der gleichen Temperatur ist die Fällungswärme von [AgCl] aus ganz verdünnten Lösungen + 15,98, die Bildungswärme aus

[Ag] und gasförmigem Chlor + 30,12 kcal, also ist die Ionisationswärme des [Ag] = 30,12 — 15,98 — 39,72 = — 25,58 kcal. Die Unsicherheit mag etwa 0,05 kcal betragen.

Die stark negative Ionisationswärme des Wassers hat zur Folge, daß der Ionisationsgrad und damit die Hydrolyse von Salzen schwacher Säuren oder Basen mit steigender Temperatur stark ansteigt (Trennung von $Fe^{\cdot\cdot\cdot}$ und $Mn^{\cdot\cdot}$).

Zum Schluß ein instruktives Beispiel, bei welchem verschiedene Wärmetönungen und Gleichgewichte und alle drei Hauptsätze mitspielen. HOCl, aq gibt mit verdünnten, starken Basen bei 19° die Neutralisationswärme + 10,03 kcal, also ist die Ionisationswärme — 3,67 kcal. Bei Verdünnung der HOCl-Lösung sollte, da der Ionisationsgrad steigt, Wärme gebunden werden; es wird aber dabei Wärme entwickelt. Also superponiert sich über die steigende Ionisation ein zweiter, exothermer Vorgang, vermutlich die Hydratation von $Cl_2O$, aq zu 2 HOCl, aq. St. Goldschmidt hatte 1919 bei 0° die Verteilungskoeffizienten von $Cl_2O$ zwischen Wasser und $CCl_4$ gemessen; die Verteilungskoeffizienten änderten sich regelmäßig mit der Konzentration, statt konstant zu bleiben. $CCl_4$ löst praktisch nur $Cl_2O$. Aus der Inkonstanz der Verteilungskoeffizienten ließ sich die Gleichgewichtskonstante $(HOCl)^2/Cl_2O$ ableiten: bei 0° 282 ± 2. Bei 19° muß die Konstante nach der Reaktionsisochore kleiner sein, da jeder Hydratationsvorgang mit Wärmeentwicklung verbunden ist. Da die Ionisationskonstante von HOCl, aq bekannt ist, konnte die Verdünnungswärme für die Ionisationswärme korrigiert werden. Durch Herumprobieren wurde gefunden, daß sich die korrigierten Verdünnungswärmen als Differenz der wahren Verdünnungswärme und der Hydratationswärme darstellen ließen, wenn man die Hydratationskonstante bei 19° zu 115 und die Hydratationswärme zu + 8,0 kcal annahm. Aus $d \ln K/dT$ bei 0 und 19° folgte mit obigen Annahmen die ganz ähnliche Wärmetönung von + 7,5 kcal. In Anbetracht der Umwege und der recht kleinen Verdünnungswärmen ist die Übereinstimmung durchaus befriedigend. Aus dieser recht hohen Hydratationswärme folgt nach dem Nernstschen Satz für kondensierte Systeme, daß das Gleichgewicht weit nach der HOCl-Seite verschoben sein muß: in einer 1 n.-Lösung sind 98 % des Gelösten hydratisiert!

Mit den Hydratationskonstanten bei 0 und 19° konnte eine moderne, von den Verfassern nicht voll ausgenutzte Messungsreihe[1]) voll ausgewertet werden: es waren die Partialdrucke von $(Cl_2O)$ bei verschiedenen Temperaturen in einem großen Konzentrationsbereich gemessen worden. Die Konstanten $P_{Cl_2O}/m^2$, wo m die durch Titration gefundene Anzahl der Mole $Cl_2O$ + HOCl in 1000 g Wasser bedeutet, stiegen mit steigendem m an und wurden auf unendliche Verdünnung, wo alles auf HOCl gelöst ist, extrapoliert. Bei 5° ergab sich aus dem Temperaturgang die Lösungswärme von $(Cl_2O)$ zu + 9,3 kcal, während bei 19° kalorimetrisch + 8,74 kcal gefunden waren.

Mit meinen Gleichgewichtskonstanten für die Hydratation konnten sämtliche Versuche der amerikanischen Autoren in mittleren Konzentrationen ohne Extrapolation ausgenutzt werden, um die wahren Absorptionskoeffizienten von $(Cl_2O)$, die Henrysche Konstante ($P_{Cl_2O}$ mm/$c_{Cl_2O}$ in Lösung) für die Versuchstemperatur 3,46° zu berechnen. Die Konstanten schwankten zwischen m = 1,76 und m = 5,07 nur unregelmäßig zwischen 0,00091 und 0,000945.

So konnten aus Arbeiten, die 22 Jahre auseinanderlagen, durch Kombination von Neutralisations-, Verdünnungs- und Hydratationswärmen, Verteilungskoeffizienten und Partialdrucken wahre Löslichkeiten, die direkt nicht zu messen sind, sicher abgeleitet werden. (Kombination des I. und II. Hauptsatzes und qualitative Bestätigung des III. Satzes.)

## 17. Hochtemperaturkalorimetrie

Man muß zwei Arten unterscheiden: Kalorimetrie mit lokaler Hocherhitzung und Messen mit einem homogen auf hohe Temperatur gebrachten Kalorimeter. Mit beiden Methoden sind in den letzten Jahren große Erfolge erzielt worden, vgl. Azotierungswärmen, S. 88, wo in der Bombe mit starker lokaler Erhitzung Reaktionen untersucht wurden, die nur bei hoher Temperatur anlaufen, wie $[CaC_2]$ + $(N_2)$ = $[CaCN_2]$ + [C], und Stickstoffaufnahme durch Metalle.

[1]) C. H. Secoy und G. H. Cady, I. Amer. chem. Soc. 63, 2304; 1941. — Roth, Z. f. physik. Ch. A. 1913, 248; 1942.

Gilt es, Reaktionen thermisch zu verfolgen, die bei Temperaturen bis etwa 200° in Gang kommen, so hat sich ein kleiner elektrischer Ofen, den ich zuerst 1910 anwandte, mit kleinen Modifikationen bewährt. Ein kleines Glas, das die Substanz aufnimmt, trägt außen Glasknöpfchen zum Fixieren des Heizdrahtes aus Manganin, Nickelin oder Chrom-Nickel. Das Glas ist in einem Mantelgefäß mit Korkverschluß befestigt; durch den Kork gehen die Zuleitungen aus dickem Kupferdraht. Um schnelleren Temperaturausgleich nach dem Ausschalten des Heizstromes zu erreichen, kann das in das Kalorimeterwasser versenkte Mantelgefäß unten eine Öffnung tragen (s. Fig. 16). Eine kompliziertere

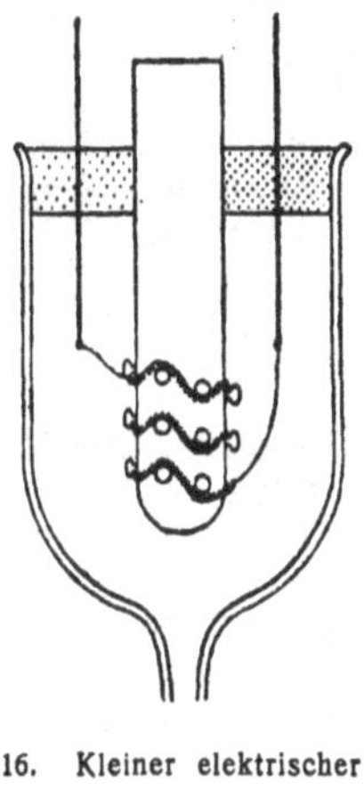

Fig. 16. Kleiner elektrischer Ofen.

Abwandlung siehe bei Zeumer und Roth, Z. f. physikal. Ch., A. **173**, *374*; 1935. Mit dem einfachen, in ein Kalorimeter von Raumtemperatur versenkten Mikroofen konnten direkt Umwandlungswärmen von organischen Verbindungen bestimmt werden (durch Verbrennungswärmen als kleine Differenz zwischen großen Zahlen verifiziert), ferner Bildungswärmen ([$Ag_2S$]) und die Zersetzungswärme von

$[K_2S_2O_6]$ in $[K_2SO_4]$ + $(SO_2)$ bei fast 200°. Die einfache Methode, bei der der Heizdraht zugleich zur elektrischen Eichung dient, ist weiterer Anwendungen fähig.

Eine kühne Kombination von Arbeiten bei sehr hohen Temperaturen und Kalorimetrierung bei Raumtemperatur hat W. Oelsen ausgearbeitet, als es sich darum handelte, die Bildungswärmen von Metallsiliziden und intermetallischen Verbindungen zu bestimmen. Bei Siliziden versagt die Bomben- und die Lösemethode aus verschiedenen Gründen. Oelsen schmolz in einem Tammann-Ofen bei 1000° und höher den einen festen Stoff nieder und goß die Schmelze auf den anderen festen Stoff, der sich in einem gegen Abstrahlung gut geschützten Tiegel in einem großen Kalorimeter von Raumtemperatur befand. Die durch die Schmelze eingebrachte Wärme wurde in besonderen Versuchen bestimmt. So konnten fast direkt Bildungswärmen bestimmt werden, die vorher der Messung kaum zugänglich waren. Vgl. hierzu das Buch von F. Weibke und O. Kubaschewski „Thermochemie der Legierungen", 1943, das förmlich ein Kompendium der Hochtemperaturkalorimetrie darstellt.

Originell ist die Bestimmung der Wärmetönung der Reaktion [CuO] + $(H_2)$ = [Cu] + $H_2O$ durch H. v. Wartenberg und H. Werth[1]): Eine kleine „Wurst" aus CuO und Asbest wurde in einem Ofen hoch erhitzt, dann fiel sie in ein mit Wasserstoff gefülltes Kalorimeter von Raumtemperatur, wo das Oxyd reduziert wurde; die eingebrachte Wärme wurde in einem mit Kohlensäure gefülltem Kalorimeter bestimmt!

## Eigentliche Hochtemperaturkalometrie

Liegt die Arbeitstemperatur wenig höher als 100°, so wird man den Wassermantel mit einer hoch siedenden Flüssigkeit füllen; die Temperatur der „Umgebung" ist alsdann nur vom Barometerstand abhängig, dessen Änderungen man

[1]) v. Wartenberg und Werth, Z. f. Elektroch. **38**, 401; 1932.

durch Einbau eines Manostaten eliminieren kann. Wichtig ist gute Abdeckung des Kalorimeters nach oben durch dicke Filzstücke oder dergleichen. Noch besser ist ein Metalldeckel mit Aussparungen für Rührer, Thermometer und Einwurfrohr mit elektrischer Innenheizung. Die Kalorimetertemperatur ist stets einige Grade niedriger als die des Mantels. Man muß warten, bis sich ein konstanter Gang eingestellt hat. Für Verdunstung der Kalorimeterflüssigkeit muß korrigiert werden, am besten, indem man vor und nach dem Versuch elektrisch eicht und das Mittel der W.-w. einsetzt. Ist die Reaktion mit Gasentwicklung verbunden, so kann die Korrektur für die Verdampfungswärme des mit dem Gase entweichenden Dampfes groß sein, selbst die Wärmeentwicklung durch die exotherme Reaktion übersteigen. Man mißt die Verdampfungswärme, indem man ein bekanntes Volumen trockener, gut temperierter Luft durch die Kalorimeterflüssigkeit schickt und den Dampf absorbiert.

Um die Korrektur für die Verdampfung zu vermeiden, sind geschlossene Kalorimeter von komplizierter Konstruktion angegeben worden, z. B. von W. Biltz und Mitarbeitern (vgl. Weibke und Kubaschewski, siehe oben). Noch mehr als bei dem Arbeiten bei Raumtemperatur muß das Kalorimeter für jede Art Messung neu konstruiert werden, so daß außer dem oben Gesagten keine allgemeine Angaben gemacht werden können.

### Hochtemperaturkalorimetrie mit organischen Verbindungen

Die Arbeiten von Kistiakowsky und Mitarbeitern stellen einen ganz großen Fortschritt dar, so daß sie gesondert behandelt zu werden verdienen. Es handelt sich um die direkte Bestimmung von Hydrierungs-, Chlorierungs- und Bromierungswärmen von ungesättigten Kohlenwasserstoffen und ähnlichem. Für solche Messungen lagen bisher nur Ansätze vor.

Kistiakowsky und seine zahlreichen Mitarbeiter hydrieren bei etwa 80° und darüber mit Hilfe eines milden Katalysators, der wenig Nebenreaktionen verursacht

(Kupferpulver)[1]. Der Gas- oder Dampfstrom fließt ständig durch das mit dem Katalysator und mit Äthylenglykol als Meßflüssigkeit beschickte Kalorimeter. Es wird abgewartet, bis sich Adsorption und Desorption die Waage halten, alsdann wird der austretende Gas- oder Dampfstrom auf die Analysenapparatur umgeschaltet und während einer gewissen Zeit die Temperaturerhöhung streng adiabatisch mit Thermoelementen gemessen. Alle Bestimmungen (elektrische Eichung, automatisches Aufrechterhalten der Adiabasie, Analyse, Aufsuchen von Nebenreaktionen) sind schlechthin vorbildlich. Daß bei der Halogenierung die Unsicherheiten größer sind als bei der Hydrierung, liegt in der Natur der Sache. Auf die zahlreichen Arbeiten sei nachdrücklich hingewiesen; doch können hier nur einzelne Resultate herausgenommen werden. Die Hydrierungswärme von Äthylen ist nach den Verbrennungswärmen von Thomsen + 30,7 kcal, nach Berthelot + 38,4; von Wartenberg und Krause maßen direkt 30,6 ± 0,3 kcal (alles bei etwa 20°). Aus Gleichgewichtsmessungen bei 400 bis 700° leitet Kistiakowsky für 25° + 31,8 kcal ab, während er direkt bei 82° + 32,82 ± 0,03 kcal findet, auf 25° umgerechnet 32,58 kcal. Die Unsicherheit ist also zehnmal kleiner wie bei der früheren direkten Bestimmung, aber das Resultat ist weit außerhalb der Fehlergrenze höher als früher gefunden. Der neue Wert ist inzwischen von Rossini[2]) durch Neumessung der Verbrennungswärme von Äthylen vollauf bestätigt worden; aus seinen Daten folgt + 32,78 kcal bei 25°.

Auch in vielen anderen Fällen konnten die aus Verbrennungswärmen abgeleiteten Daten durch bessere ersetzt werden, was zum Teil allerdings auf mangelnder Reinheit der früher verwendeten Präparate, nicht nur auf der Schwäche der indirekten Methode beruht. Die einzige Reaktion, wo beide Methoden gut übereinstimmende Werte geben, ist die Hydrierung von Benzol zu Cyclohexan, wäh-

[1]) G. B. Kistiakowsky, H. Romeyn jr., J. R. Ruhoff, H. A. Smith und W. E. Vaughan, Journ. Amer. chem. Soc. **57**, 68, 876 (1935); **58**, 137, 146 (1936); **59**, 831 (1937); **60**, 440, 2764 (1938).

[2]) F. D. Rossini, Bur. Stand. Journ. Res. **13**, 184 (1936).

rend bei der ersten Hydrierungsstufe des Benzols nicht einmal die Vorzeichen übereinstimmen: Die Reaktion Benzol + Wasserstoff = Dihydrobenzol ist nach Kistiakowsky endotherm, während sie nach den älteren (wahrscheinlich mit unreinem $C_6H_8$ ausgeführten) Verbrennungswärmen schwach exotherm sein sollte.

Für sehr hohe Temperaturen wird man nicht Flüssigkeitskalorimeter, sondern Aneroidkalorimeter aus Metall mit eingebauten Thermoelementen benutzen. Da das Metall gut leitet und man durch Anwendung von verschieden langen Thermoelementen über das ganze Kalorimeter integriert, kann man, falls gute elektrische Meßapparate zur Verfügung stehen, mit einiger Erfahrung auch bei hohen Temperaturen sichere Resultate erhalten.

## Hilfstabelle

Thermische Eigenschaften des Wassers

| °C | Spezifische Wärme | Sättigungs-Druck | Verdampfungs-Wärme $l$ |
|---|---|---|---|
| 0 | 1,0066 | 4,58 mm | — 596,1 cal/g |
| 5 | 1,0041 | 6,54 „ | — 593,5 „ |
| 10 | 1,0018 | 9,21 „ | — 590,9 „ |
| 15 | 1,0000 | 12,79 „ | — 588,2 „ |
| 20 | 0,9987 | 17,54 „ | — 585,6 „ |
| 25 | 0,9979 | 23,76 „ | — 582,9 „ |
| 30 | 0,9975 | 31,82 „ | — 580,2 „ |
| 35 | 0,9974 | 42,18 „ | — 577,5 „ |

$c = 1{,}0066 - 0{,}0005696 \cdot t + 0{,}000008742 \cdot t$-

$l = -596{,}1 + 0{,}516 \cdot t + 0{,}000415 \cdot t^2$

# Alphabetisches Register

**Biochemie der Gärungen** unter besonderer Berücksichtigung der Hefe. Für Studierende der Naturwissenschaften und der Gärungsgewerbe, Techniker, Gärungsbiologen und Chemiker. Von H. Haehn. Groß-Oktav. Mit 44 Abbildungen. 4 Kurventafeln sowie 2 Absorptionsspektren. 512 Seiten. 1952. Ganzleinen DM 64,–

**Messung und Verhütung der Metallkorrosion.** Richtlinien und ausgewählte Beispiele. Von F. Tödt. Mit 55 Abbildungen. Oktav. XV, 164 Seiten. 1941. Gebunden DM 9,–
(*Arbeitsmethoden der modernen Naturwissenschaften*)

**Grubengasanalyse im Kohlenbergbau.** Von R. Kattwinkel. Oktav. Mit 30 Abb., 80 Seiten. 1950. Gebunden DM 8,40
(*Arbeitsmethoden der modernen Naturwissenschaften*)

**Polarographische Arbeitsmethoden.** Von M. v. Stackelberg. Mit 113 Abbildungen. Oktav. VIII, 478 Seiten. 1950. Ganzleinen DM 28,—
(*Arbeitsmethoden der modernen Naturwissenschaften*)

**Absorptions-Spektralanalyse.** Von F. X. Mayer u. A. Luszczak. Oktav. Mit 74 Abbildungen. XIV, 238 Seiten. 1951. Ganzleinen DM 14,—
(*Arbeitsmethoden der modernen Naturwissenschaften*)

**Refraktometrisches Hilfsbuch.** Von Roth - Eisenlohr - Löwe Mit 55 Abbildungen. Etwa 110 Seiten. In Vorbereitung.
(*Arbeitsmethoden der modernen Naturwissenschaften*)

**Angewandte Gitterphysik.** Behandlung der Eigenschaften kristallisierter Körper vom Standpunkt der Gittertheorie. Von W. Kleber. 2., verbesserte Aufl. Oktav. Mit 54 Abb. VIII, 215 Seiten. 1949. Halbleinen DM 12,—
(*Arbeitsmethoden der modernen Naturwissenschaften*)

---

WALTER DE GRUYTER & CO. • BERLIN W 35

**Gewöhnliche Differentialgleichungen.** Von G. Hoheisel. 4., neubearbeitete Aufl. 129 S. 1951 . . . . . . . . Bd. 920

**Partielle Differentialgleichungen.** Von G. Hoheisel. 3., neubearb. Aufl. 130 S. 1952. In Vorbereitung . . . . . . . Bd. 1003

**Aufgabensammlung zu den gewöhnlichen und partiellen Differentialgleichungen.** Von G. Hoheisel. 2., umgearb. Aufl. 1952 . . . . . . . . . . . . . . . . . . . . . Bd. 1059

**Differentialrechnung.** Von A. Witting. 3., neubearb. Aufl. Durchgesehener Neudruck. Mit 95 Fig. und 200 Beispielen. 201 S. 1949 . . . . . . . . . . . . . . . . . Bd. 87

**Repetitorium und Aufgabensammlung zur Differentialrechnung.** Von A. Witting. 2. Aufl. Neudruck. 122 S. 1949 . . . . . . . . . . . . . . . . . . . . . . . Bd. 146

**Integralrechnung.** Von A. Witting. 2., verbesserte Aufl. Durchgesehener Neudruck. Mit 62 Fig. und 190 Beispielen. 176 S. 1949 . . . . . . . . . . . . . . . . . Bd. 88

**Repetitorium und Aufgabensammlung zur Integralrechnung.** Von A. Witting. 2. Aufl. Neudruck. 121 S. 1949 . . . Bd. 147

**Einführung in die konforme Abbildung.** Von L. Bieberbach. 4. Aufl. Mit 42 Zeichnungen. 147 S. 1949 . . . . . . . Bd. 768

**Darstellende Geometrie.** Von R. Haussner. 1. Teil: Elemente, ebenflächige Gebilde. 6., unveränderte Aufl. Mit 110 Fig. 207 S. 1947 . . . . . . . . . . . . . . . Bd. 142
2. Teil: Perspektive ebener Gebilde, Kegelschnitte. 5., unveränderte Aufl. Mit 88 Fig. 168 S. 1947 . . . . . . Bd. 143

**Sammlung von Aufgaben und Beispielen zur analytischen Geometrie der Ebene.** Von R. Haussner. Neudruck. Mit 22 Fig. 139 S. 1949 . . . . . . . . . . . . . . . . . Bd. 256

**Ebene und sphärische Trigonometrie.** Von G. Hessenberg. 4. Aufl., Neudruck. 1952. In Vorbereitung . . . . . Bd. 99

**Nichteuklidische Geometrie.** Hyperbolische Geometrie der Ebene. Von R. Baldus. 3., verbess. Aufl. durchges. von F. Löbell. Mit 70 Fig. 140 S. 1952. In Vorbereitung . Bd. 970

**Vermessungskunde.** Von P. Werkmeister. I.: Stückmessung und Nivellieren. 9. Aufl. Mit 145 Fig. 172 S. 1949 Bd. 468
II.: Messung von Horizontalwinkeln. Festlegung von Punkten im Koordinatensystem. Absteckungen. 7. Aufl. Mit 63 Fig. 151 S. 1949 . . . . . . . . . . . . . . . Bd. 469
III.: Trigonometrische und barometrische Höhenmessung. Tachymetrie und Topographie. 6. Aufl. Mit 64 Fig. 147 S. 1949. . . . . . . . . . . . . . . . . . . . . Bd. 862

**Vektoranalysis.** Von S. Valentiner. 7., wesentlich veränderte Aufl. Mit 19 Fig. 138 S. 1950 . . . . . . . . . Bd. 354

## *Physik / Chemie / Allgemeine, anorganische, organische und experimentelle Chemie / Elektrochemie / Technologie*

**Physikalische Formelsammlung.** Von G. u. K. Mahler. 8., verbesserte Aufl. Mit 69 Fig. 153 S. 1950. . . . . . Bd. 136

**Physikalische Aufgabensammlung.** Von G. u. K. Mahler. Mit den Ergebnissen. 7., verbess. Aufl. 127 S. 1952. . . Bd. 243

**Differentialgleichungen der Physik.** Von E. Sauter. 2. Aufl. Mit 16 Fig. 148 S. 1950 . . . . . . . . . . . . . . Bd. 1070

**Einführung in die Kristalloptik.** Von E. Buchwald. 4., verbess. Aufl. Mit 121 Fig. 138 S. 1952 . . . . . . . . . Bd. 619

**Vektoranalysis.** Von S. Valentiner. 7., wesentl. veränderte Aufl. Mit 19 Fig. 138 S. 1950 . . . . . . . . . . . . Bd. 354

**Geschichte der Chemie.** Von G. Lockemann. Bd. I: Vom Altertum bis zur Entdeckung des Sauerstoffs. Mit 8 Bildnissen 142 S. 1950 . . . . . . . . . . . . . . . . . . Bd. 264

**Allgemeine und physikalische Chemie.** Von W. Schulze. I. Teil: 3., durchgesehene Aufl. Mit 22 Fig. 146 S 1949 Bd. 71
II. Teil: 3., durchgesehene Aufl. Mit 36 Fig. 160 S. 1949 Bd. 698

**Physikalisch-Chemische Rechenaufgaben.** Von E. Asmus. 2. Aufl. 96 S. 1949 . . . . . . . . . . . . . . . . . . Bd. 445

**Anorganische Chemie.** Von W. Klemm. 7. Aufl. Mit 18 Abb. 184 S. 1952 . . . . . . . . . . . . . . . . . . Bd. 37

**Thermochemie.** Von W. A. Roth. 3. Aufl. Mit 16 Fig. 109 S. 1952. In Vorbereitung . . . . . . . . . . . . Bd. 1057

**Stöchiometrische Aufgabensammlung.** Mit den Ergebnissen. Von W. Bahrdt und R. Scheer. 5., verbess. Aufl. Mit 120 S. 1952 . . . . . . . . . . . . . . . . . . . . . . Bd. 452

**Organische Chemie.** Von W. Schlenk. 5., verbess. Aufl. Mit 17 Fig. 239 S. 1949 . . . . . . . . . . . . . . . . . . Bd. 38

**Analytische Chemie.** Von J. Hoppe. I.: Reaktionen. 5., verbesserte Aufl. 135 S. 1950 . . . . . . . . . . . Bd. 247
II.: Gang der qualitativen Analyse. 5., verbesserte Aufl. 168 S. 1950 . . . . . . . . . . . . . . . . . . . . . Bd. 248

**Elektrochemie und ihre physikalisch-chemischen Grundlagen.** Von A. Dassler. Bd. I: Mit 21 Abb. 149 S. 1950 Bd. 252
Bd. II: Mit 17 Abb. 178 S. 1950 . . . . . . . . . . . Bd. 253

**Warenkunde.** Von K. Hassak und E. Beutel. 7. Auflage, neu bearbeitet von A. Kutzelnigg. Bd. I. Anorganische Waren sowie Kohle und Erdöl. Mit 19 Fig. 116 S. 1947 Bd. 222
Bd. II Organische Waren. Mit 32 Fig. 143 S. 1949 Bd. 223

**Die Fette und Öle.** Von K. Braun. 5. vollständig neubearb. und verbess. Aufl. von Th. Klug. 145 S. 1950 . . . . . Bd. 335

## *Naturwissenschaften / Biologie / Botanik / Zoologie Land- und Forstwirtschaft*

**Hormone.** Von G. Koller. 2. Aufl. Mit 60 Abb. und 19 Tab. 187 S. 1949 . . . . . . . . . . . . . . . . . . . . . Bd. 1141

**Geschlecht und Geschlechtsbestimmung im Tier- und Pflanzenreich.** Von M. Hartmann. 2. Aufl. Mit 62 Abb. 155 S 1951 . . . . . . . . . . . . . . . . . . . . . . Bd. 1127

**Fortpflanzung im Tier- und Pflanzenreich.** Von J. Hämmerling. 2., ergänzte Aufl. Mit 101 Abb. 135 S. 1951 . . Bd. 1138

**Grundriß der allgemeinen Mikrobiologie.** Von W. Schwartz. Bd. I: Mit 17 Abb. 104 S. 1949 . . . . . . . . . . Bd. 1155
Bd. II: Mit 12 Abb. 93 S. 1949 . . . . . . . . . . . Bd. 1157

**Symbiose der Tiere mit pflanzlichen Mikroorganismen.** Von P. Buchner. 2., verbesserte und vermehrte Aufl. Mit 121 Abb. 130 S. 1949 . . . . . . . . . . . . . . . . Bd. 1128

**Entwicklungsgeschichte des Pflanzenreiches.** Von H. Heil. 2. Aufl Mit 94 Abb. und 1 Tab. 138 S. 1950 . . . . . Bd. 1137

**Morphologie der Pflanzen.** Von L. Geitler. 3. Aufl. Mit 114 Abb 126 S. 1952. In Vorbereitung . . . . . . . . Bd. 141

**Pflanzenzüchtung.** Von H. Kuckuck. I: Grundzüge der Pflanzenzüchtung. 3., völlig umgearbeitete u. erweiterte Aufl. Mit 22 Abb. 132 S. 1952 . . . . . . . . . . . . Bd. 1134

**Die Laubhölzer.** Von F. W. Neger und E. Münch. 3., durchgesehene Aufl., herausgegeben von B. Huber. Mit 63 Fig. und 7 Tab. 142 S. 1950 . . . . . . . . . . . . . . . . Bd. 718

**Die Nadelhölzer** (Koniferen) und übrigen Gymnospermen. Von F. W. Neger und E. Münch. 4., durchges. u. ergänzte Aufl., herausgegeb. von B. Huber. Mit 75 Fig., 5 Tabellen u. 5 Karten. 140 S. 1952 . . . . . . . . . . Bd. 355

**Vergleichende Physiologie der Tiere.** Von K. Herter.
I. Stoff- und Energiewechsel. 3. Aufl. Mit 64 Abb. 155 S. 1950 . . . . . . . . . . . . . . . . . . . . . Bd. 972
II. Bewegung und Reizerscheinungen. 3. Aufl. Mit 110 Abb. 148 S. 1950 . . . . . . . . . . . . . . . . Bd. 973

**Landwirtschaftliche Tierzucht.** Die Züchtung und Haltung der landwirtschaftlichen Nutztiere. Von H. Vogel. Mit 11 Abbild. 139 S. 1952 . . . . . . . . . . . . . . . Bd. 228

**Kulturtechnische Bodenverbesserungen.** Von O. Fauser.
I.: Allgemeines, Entwässerung. 4., neubearbeitete Aufl. Mit 47 Abb. 122 S. 1947 . . . . . . . . . . . . . . . Bd. 691
II.: Bewässerung, Ödlandkultur, Umlegung. 4., neubearbeitete Aufl. Mit 67 Abb. 150 S. 1948 . . . . . . Bd. 692

## *Geologie / Mineralogie / Kristallographie*

**Geologie.** Von H. Cloos. 3. Aufl. In Vorbereitung . . . Bd. 13

**Mineralogie.** Von R. Brauns und K. F. Chudoba. 8., neubearbeitete Aufl. Mit 125 Textfiguren und 9 Abb. auf einer Tafel. 143 S. 1943 . . . . . . . . . . . . . . . Bd. 29

**Petrographie.** Von W. Bruhns u. P. Ramdohr. 3., durchgesehene Aufl. Mit 10 Figuren. 117 S. 1949 . . . . . Bd. 173

**Kristallographie.** Von W. Bruhns und P. Ramdohr. 4. Aufl. 1952 . . . . . . . . . . . . . . . . . . . . . . . . . Bd. 210

**Einführung in die Kristalloptik.** Von E. Buchwald. 4., verb. Aufl. Mit 121 Fig. 138 S. 1952 . . . . . . . . . . . . Bd. 619

**Lötrohrprobierkunde.** Mineraldiagnose mit Lötrohr und Tüpfelreaktion. Von M. Henglein. 3., verbesserte Aufl. Mit 11 Fig. 91 S. 1949 . . . . . . . . . . . . . . . . Bd. 483

# *Ingenieurwissenschaften*

## *Allgemeines / Maschinenbau / Hoch- und Tiefbau Elektrotechnik / Wasserbau*

**Technische Tabellen und Formeln.** Von W. Müller. 4., überarbeitete Aufl. Von E. Schulze. Mit 105 Fig. 152 S. 1951 Bd. 579

**Dynamik.** Von W. Müller. I.: Dynamik des Einzelkörpers. 2., verbesserte Aufl. Mit 70 Fig. 160 S. 1952 . . . . Bd. 902
II.: Systeme von starren Körpern. 2., verbess. Aufl. Mit 41 Fig. 102 Seiten. 1952 . . . . . . . . . . . . . . . Bd. 903

**Technische Thermodynamik.** Von W. Nusselt.
I.: Grundlagen. 3., verb. Aufl. Mit 71 Abb. 144 S. 1950 Bd. 1084
II.: Theorie der Wärmekraftmaschinen. Neudruck. Mit 87 Abb. und 32 Zahlentafeln. 144 S. 1951 . . . . . . Bd. 1151

**Festigkeitslehre.** Von W. Gehler und W. Herberg.
I.: Elastizität, Plastizität und Festigkeit der Baustoffe und Bauteile. Durchgesehener u. erweit. Neudruck. Mit 118 Bildern. 159 S. 1952 . . . . . . . . . . . . . . . Bd. 1144

**Metallkunde.** Von H. Borchers. I.: Aufbau der Metalle und Legierungen. Mit 2 Tab. und 90 Abb. 2. Aufl. 110 S. 1950 . . . . . . . . . . . . . . . . . . . . . . . . . Bd. 432
II.: Eigenschaften, Grundzüge der Form und Zustandsgebung. Mit 8 Tab., 100 Abb. 2. Aufl. 154 S. 1952 Bd. 433

**Getriebelehre.** Von P. Grodzinski u. H. Polster. I.: Geometrische Grundlagen. 2. Aufl. Mit 127 Fig. 1952 In Vorbereitung . . . . . . . . . . . . . . . . . . . . . . . **Bd. 1061**

**Die Maschinenelemente.** Von E. vom Ende. 2., verbesserte Aufl. Mit 173 Fig. und 12 Taf. 159 S. 1950 . . . . . **Bd. 3**

**Das Maschinenzeichnen mit Einführung in das Konstruieren.** Von W. Tochtermann.
I.: Das Maschinenzeichnen. 4. Aufl. Mit 77 Taf. 156 S. 1950 **Bd. 589**
II.: Ausgeführte Konstruktionsbeispiele. 4. Aufl. Mit 58 Taf 130 S. 1950 . . . . . . . . . . . . . . . . . **Bd. 590**

**Die Dampfkessel und Feuerungen einschließlich Hilfseinrichtungen in Theorie, Konstruktion und Berechnung.** Von W. Marcard. 2. Aufl., neubearbeitet von K. Beck.
I.: Die theoretischen Grundlagen. Wärme, Verbrennung, Wärmeübertragung. Mit 42 Abb. u. 16 Tab. 150 S. 1951 **Bd. 9**
II.: Dampfkessel. Mit 53 Abb. 147 S. 1952 . . . . . **Bd. 521**

**Gießereitechnik.** Von H. Jungbluth. I. Teil: Eisengießerei. Mit 44 Abb. 126 S. 1951 . . . . . . . . . . . . . . **Bd. 1159**

**Autogenes Schweißen und Schneiden.** Von H. Niese. 5. Aufl., neubearb. von A. Küchler. Mit 71 Fig. 136 S. 1952. In Vorbereitung . . . . . . . . . . . . . . . . . . . **Bd. 499**

**Die wichtigsten Baustoffe des Hoch- und Tiefbaues.** Von O. Graf. 3., verbesserte Aufl. Mit 58 Abb 136 S. 1947 **Bd. 984**

**Baustoffverarbeitung und Baustellenprüfung des Betons.** Von A. Kleinlogel. 2., neubearb u. erweiterte Aufl. Mit 35 Abb. 126 S. 1951 . . . . . . . . . . . . . . . . . **Bd. 970**

**Fenster, Türen, Tore aus Holz und Eisen.** Von W. Wickop. 3., überarb. und ergänzte Aufl. Mit 96 Abb. 154 S. 1949 **Bd. 1092**

**Heizung und Lüftung.** Von J. und W. Körting. I.: Das Wesen und die Berechnung der Heizungs- und Lüftungsanlagen. 8., neubearb. Aufl. Mit 29 Abb. und 18 Zahlentafeln. 140 S. 1951 . . . . . . . . . . . . . . . . . **Bd. 342**
II.: Die Ausführung der Heizungs- u. Lüftungsanlagen. 8. Aufl. 1952 In Vorbereitung . . . . . . . . . . . . Bd. 343

**Die Gleichstrommaschine.** Von K. Humburg.
I. Durchgesehener Neudruck. Mit 59 Abb. 102 S. 1949 Bd. 257
II. Durchgesehener Neudruck. Mit 38 Abb. 98 S. 1949 Bd. 881

**Die synchrone Maschine.** Von K. Humburg. Neudruck. Mit 78 Bildern. 109 S. 1951 . . . . . . . . . . . . . . Bd. 1146

**Transformatoren.** Von W. Schäfer. 2. Aufl. Mit 74 Abb. 128 S. 1949 . . . . . . . . . . . . . . . . . . . . . Bd. 952

**Die komplexe Berechnung von Wechselstromschaltungen.** Von H. H. Meinke. Mit 114 Abb. 160 S. 1949 . . . Bd. 1156

**Theoretische Grundlagen zur Berechnung der Schaltgeräte.** Von F. Kesselring. 3. Aufl. Mit 92 Abb 144 S. 1950 . . Bd. 711

**Elektromotorische Antriebe.** (Grundlagen für die Berechnung.) Von A. Schwaiger. 3., neubearb. Aufl. Mit 34 Abb. 95 S. 1952 . . . . . . . . . . . . . . . . . . . . . . Bd. 827

**Überspannungen und Überspannungsschutz.** Von G. Frühauf. Durchges. Neudruck. Mit 98 Abb 122 S 1950 . . . . Bd. 1132

**Verkehrswasserbau.** Von H. Dehnert. I.: Entwurfsgrundlagen, Flußregelungen. Mit 52 Textabb. 103 S. 1950 Bd. 585
II.: Flußkanalisierungen und Schiffahrtskanäle. Mit 60 Textabb. 94 S. 1950 . . . . . . . . . . . . . . Bd. 597
III.: Schleusen und Hebewerke. Mit 70 Textabb. 98 S. 1950 . . . . . . . . . . . . . . . . . . . . . . . . . Bd. 1152

**Wehr- und Stauanlagen.** Von H. Dehnert. Mit 90 Abb. 134 S. 1952 . . . . . . . . . . . . . . . . . . . . . Bd. 965

# Geisteswissenschaften

## *Philosophie / Psychologie*

**Einführung in die Philosophie.** Von H. Leisegang. 145 S. 1951 . . . . . . . . . . . . . . . . . . . . . . . . . . Bd. 281
**Hauptprobleme der Philosophie.** Von G. Simmel. 7., unveränderte Auflage. 177 S. 1950 . . . . . . . . . . . Bd. 500
**Erkenntnistheorie.** I Allgemeine Grundlegung. Von G. Kropp. 143 S. 1950 . . . . . . . . . . . . . . . . . Bd. 807
**Die geistige Situation der Zeit.** (1931). Von K. Jaspers. 2., unveränderter Abdruck der im Sommer 1932 bearbeiteten 5. Aufl. 232 S. 1949 . . . . . . . . . . . . . . Bd. 1000
**Philosophisches Wörterbuch.** Von M. Apel. 3., neubearb. Aufl. 260 S. 1950 . . . . . . . . . . . . . . . . . Bd. 1031
**Therapeutische Psychologie.** (Freud, Adler, Jung). Von W. M. Kranefeldt. 2. Aufl. 152 S. 1950 . . . . . . . . . . Bd. 1034

## *Religionswissenschaften*

**Jesus.** Von M. Dibelius. 2. Aufl. Neudruck. 141 S. 1949. Bd. 1130
**Paulus.** Von M. Dibelius. Hrsg. und zu Ende geführt von W. G. Kümmel. 155 S. 1951 . . . . . . . . . . . . . Bd. 1160

## *Musik / Kunst*

**Systematische Modulation.** Von R. Hernried. 2. Aufl. 136 S. 1950 . . . . . . . . . . . . . . . . . . . . . . . . . . Bd. 1094
**Der polyphone Satz.** I. Der cantus-firmus-Satz. Von E. Pepping. 2. Aufl. 223 S. 1950 . . . . . . . . . . . . Bd. 1148
**Die Technik des Klavierspiels.** Von K. Schubert. 2. Aufl. 132 S. 1946 . . . . . . . . . . . . . . . . . . . . . . . Bd. 1045
**Die Musik des 19. Jahrhunderts.** Von W. Oehlmann. 180 S. 1952. In Vorbereitung . . . . . . . . . . . . . . . . Bd. 170
**Stilkunde.** I. Vorzeit, Antike, Mittelalter. Von H. Weigert. 2. Aufl. Mit 94 Abb. 136 S. 1952. In Vorbereitung . . Bd. 80
II. Spätmittelalter und Neuzeit. 2. Aufl. Mit 84 Abb. 147 S. 1952. In Vorbereitung . . . . . . . . . . . . Bd. 781

## *Geschichte*

### *Allgemeines / Vor- und Frühgeschichte / Altertum, Mittelalter und Neuzeit / Kulturgeschichte*

**Einführung in die Geschichtswissenschaft.** Von P. Kirn. 2. Aufl. 121 S. 1952 . . . . . . . . . . . . . . . . . . Bd. 270
**Kultur der Urzeit.** Bd. I: Die vormetallischen Kulturen. (Die Steinzeiten Europas. Gleichartige Kulturen in anderen Erdteilen.) Von F. Behn. 4. Aufl. Mit 48 Abb. 172 S. 1950 . . . . . . . . . . . . . . . . . . . . . . Bd. 564
Bd. II: Die älteren Metallkulturen. (Der Beginn der Metallbenutzung. Kupfer- und Bronzezeit in Europa, im Orient und Amerika.) 4. Aufl. Mit 67 Abb. 160 S. 1950 . . . . . . . . . . . . . . . . . . . . . . . . . . Bd. 565
Bd. III: Die jüngeren Metallkulturen. (Das Eisen als Kulturmetall. Hallstatt- und Latène-Kultur in Europa. Das erste Auftreten des Eisens in den anderen Weltteilen.) 4. Aufl. Mit 60 Abb. 149 S. 1950 . . . . . . . Bd. 566
**Vorgeschichte Europas.** Von F. Behn. 7. Aufl. Mit 47 Abb. 125 S. 1949 . . . . . . . . . . . . . . . . . . . . . . . Bd. 42

**Vor- und Frühzeit der Mittelmeerländer.** I. Das östliche Mittelmeer. Von J. Wiesner. Mit einer Textabb. und 7 Tafeln. 177 S. 1943 . . . . . . . . . . . . . . . . Bd. 1149
II. Das westliche Mittelmeer. Mit 3 Textabb. und 7 Tafeln. 129 S. 1943 . . . . . . . . . . . . . . . . Bd. 1150

**Römische Geschichte.** I. Teil: Bis zur Schlacht bei Pydna. Von F. Altheim. 123 S. 1948 . . . . . . . . . . . Bd. 19
II. Teil: Bis zur Begründung des Prinzipats. 141 S. 1948 Bd. 677

**Zeitrechnung der römischen Kaiserzeit, des Mittelalters und der Neuzeit.** Für die Jahre 1—2000 n. Chr. Von H. Lietzmann. 2. Aufl. besorgt d. A. Hofmeister. 126 S. 1952. In Vorbereitung . . . . . . . . . . . . . . . . . . Bd. 1085

**Quellenkunde der deutschen Geschichte im Mittelalter.** (Bis zur Mitte des 15. Jahrh.) I. Einleitung. Allgemeiner Teil. Die Zeit der Karolinger. Von K. Jacob. 5. Aufl. 118 S. 1949 . . . . . . . . . . . . . . . . . . . . . . Bd. 279
II. Die Kaiserzeit (911—1250). 4. Aufl. 127 S. 1949 . . Bd. 280
III. Das Spätmittelalter (vom Interregnum bis 1500). Unter Verwendung des Nachlasses von K. Jacob. Herausgegeben von F. Weden. 152 S. 1952 . . . . . . . . . . . Bd. 284

**Von den Karolingern zu den Staufern.** Die altdeutsche Kaiserzeit (900—1250). Von J. Haller. 3. Aufl. Mit 4 Karten. 141 S. 1944 . . . . . . . . . . . . . . . Bd. 1065

**Deutsche Geschichte im Zeitalter der Reformation, der Gegenreformation und des 30jährigen Krieges.** Von F. Hartung. 129 S. 1951 . . . . . . . . . . . . . . . Bd. 1105

**Geschichte Englands.** Teil I: bis 1815. Von H. Preller. 3., stark umgearbeitete Auflage. Mit 2 Karten. 135 S. 1952. In Vorbereitung . . . . . . . . . . . . . . . . . Bd. 375

**Geschichte der Mathematik.** I. Von den Anfängen bis zum Auftreten von Fermat und Descartes. Von J. E. Hofmann. 199 S. 1952. In Vorbereitung . . . . . . . . . . Bd. 226

**Geschichte der Chemie.** Bd. I: Vom Altertum bis zur Entdeckung des Sauerstoffs. Von G. Lockemann. Mit 8 Bildnissen. 142 S. 1950 . . . . . . . . . . . . . . . . . Bd. 264

## *Sprach- und Literaturwissenschaft*

### *Indogermanisch / Germanisch*

**Indogermanische Sprachwissenschaft.** Von H. Krahe. 2. Aufl. 134 S 1948 . . . . . . . . . . . . . . . . . . . . . Bd. 59

**Sanskrit-Grammatik.** Von M. Mayrhofer. 89 S. 1952. In Vorbereitung . . . . . . . . . . . . . . . . . . . . Bd. 1158

**Germanische Sprachwissenschaft.** Bd. I: Einleitung und Lautlehre. Von H. Krahe. 2. Aufl. 127 S. 1948 . . . Bd. 238
Bd. II: Formenlehre. 2. Aufl. 140 S. 1948 . . . . . . Bd. 780

**Altnordisches Elementarbuch.** Schrifttum, Sprache, Texte mit Übersetzung und Wörterbuch. Von F. Ranke. 2., durchgesehene Aufl. 146 S. 1949 . . . . . . . . . . Bd. 1115

### *Deutsche Sprache und Literatur*

**Deutsche Wortkunde.** Eine kulturgeschichtliche Betrachtung des deutschen Wortschatzes. Von A. Schirmer. 3. Aufl. 109 S. 1949 . . . . . . . . . . . . . . . . . . Bd. 929

**Deutsches Dichten und Denken von der germanischen bis zur staufischen Zeit.** (Deutsche Literaturgeschichte vom 5. bis 13. Jhdt.) Von H. Naumann. 2., verbess. Aufl. 166 S. 1952 . . . . . . . . . . . . . . . . . . . . Bd. 1121

**Der Nibelunge Nôt.** In Auswahl mit kurzem Wörterbuch. Von K. Langosch. 9., umgearbeitete Aufl. 163 S. 1952. In Vorbereitung . . . . . . . . . . . . . . . . . . Bd. 1

**Deutsches Dichten und Denken vom Mittelalter zur Neuzeit.** (1270—1700.) Von G. Müller. 2. Aufl. 159 S. 1949 Bd. 1086

**Deutsches Dichten und Denken von der Aufklärung bis zum Realismus.** (1700—1890.) Von K. Viëtor. 2. Aufl. 156 S. 1949 . . . . . . . . . . . . . . . . . . . . . . . Bd. 1096

## *Englische Sprache / Romanische Sprache und Literatur*

**Altenglisches Elementarbuch.** Einführung, Grammatik. Texte mit Übersetzung und Wörterbuch. Von M. Lehnert. 2., verbesserte und vermehrte Aufl. 176 S. 1950 Bd. 1125

**Beowulf.** Eine Auswahl mit Einführung, teilweiser Übersetzung, Anmerkungen und etymologischem Wörterbuch. Von M. Lehnert. 2., verbesserte Aufl. 135 S. 1949 Bd. 1135

**Italienische Literaturgeschichte.** Von K. Voßler. Unveränderter Nachdruck der 1927 erschienenen 4., durchgesehenen und verbesserten Aufl. 148 S. 1948 . . . Bd. 125

## *Griechisch / Lateinisch*

**Geschichte der griechischen Sprache.** I. Bis zum Ausgang der klassischen Zeit. Von O. Hoffmann. 3., stark umgearbeitete Aufl. von A. Debrunner. 144 S. 1952. In Vorbereitung . . . . . . . . . . . . . . . . . . . . Bd. 111

**Geschichte der griechischen Literatur.** I. Von den Anfängen bis auf Alexander d. Gr. Von W. Nestle. 2., verbesserte Aufl. Neudruck. 148 S. 1950 . . . . . . . . Bd. 70
II. Von Alexander d. Gr. bis zum Ausgang der Antike. 2., verbesserte Aufl. 128 S. 1945 . . . . . . . . . Bd. 557

**Geschichte der lateinischen Sprache.** Von F. Stolz. 3., stark umgearbeitete Aufl. von A. Debrunner. 136 S. 1952. In Vorbereitung . . . . . . . . . . . . . . . . . . . . Bd. 492

## *Orientalia / Russisch*

**Sanskrit-Grammatik.** Von M. Mayrhofer. 89 S. 1952. In Vorbereitung . . . . . . . . . . . . . . . . . . . . Bd. 1158

**Hebräische Grammatik.** I. Band: Schrift-, Laut- und Formenlehre I. Von G. Beer. 2., völlig umgearb. Aufl. von R. Meyer. 157 S. 1952. In Vorbereitung . . . Bd. 763

**Russische Grammatik.** Von E. Berneker und M. Vasmer. 6., unveränderte Aufl. 155 S. 1947 . . . . . . . . . . Bd. 66

## *Erd- und Länderkunde*

**Kartenkunde.** Von M. Eckert-Greifendorff. Durchgesehen von W. Kleffner. 3. Aufl. Mit 63 Abb. 149 S. 1950 . . Bd. 30

**Australien und Ozeanien.** Von H.-J. Krug. Mit 46 Skizzen. 176 S. 1952. In Vorbereitung . . . . . . . . . . . . Bd. 319

## *Wirtschaftswissenschaften / Gesellschaftskunde*

**Allgemeine Betriebswirtschaftslehre.** Von K. Mellerowicz. 3 Bde. I = 142 S., II = 112 S., III = 141 S. 7. Aufl. 1952. . . . . . . . . . . . . . . . . . . . Bd. 1008, 1153, 1154

**Soziologie.** Geschichte und Hauptprobleme. Von L. v. Wiese. 4. Aufl. 151 S. 1950. . . . . . . . . . . . . . . . . . . Bd. 101

24/52